Annina Abdel Fattah
Zum Einsatz dezentraler Umwälzpumpen in Heizsystemen

TUDpress

Annina Abdel Fattah

Zum Einsatz dezentraler Umwälzpumpen in Heizsystemen

TUDpress
2012

Die vorliegende Arbeit wurde am 03. März 2011 an der Fakultät Maschinenwesen der Technischen Universität Dresden als Dissertation eingereicht und am 15. November 2011 erfolgreich verteidigt.

Gutachter:
Prof. Dr.-Ing. habil. W. Richter
Prof. Dr.-Ing. B. Oschatz

Vorsitzender der Prüfungskomission:
Prof. Dr.-Ing. habil. U. Gampe

Bibliografische Information der Deutschen Nationalbibliothek
Die Deutsche Nationalbibliothek verzeichnet diese Publikation in der Deutschen Nationalbibliografie; detaillierte bibliografische Daten sind im Internet über http://dnb.d-nb.de abrufbar.

Bibliographic information published by the Deutsche Nationalbibliothek
The Deutsche Nationalbibliothek lists this publication in the Deutsche Nationalbibliografie; detailed bibliographic data are available in the Internet at
http://dnb.d-nb.de.

ISBN 978-3-942710-77-0

Verlag der Wissenschaften GmbH
Bergstr. 70 | D-01069 Dresden
Tel.: 0351/47 96 97 20 | Fax: 0351/47 96 08 19
http://www.tudpress.de

Gesetzt vom Autor.
Printed in Germany.

Vorwort

Die vorliegende Dissertation entstand während meiner Tätigkeit als wissenschaftliche Mitarbeiterin am Institut für Thermodynamik und Technische Gebäudeausrüstung sowie am Institut für Energietechnik der Technischen Universität Dresden.

Mein ganz besonderer Dank gilt Herrn Prof. Richter für die Anregung zu dieser Arbeit, für die Betreuung und die Übernahme eines Gutachtens. Weiterhin möchte ich mich bei den Mitarbeitern der Professur für ihre Hilfsbereitschaft und Unterstützung bei universellen Problemstellungen bedanken sowie für die offene und anregende Arbeitsatmosphäre. Ganz besonderen Dank möchte ich in dem Zusammenhang Herrn Dr. Kremonke aussprechen für die interessanten fachlichen Diskussionen und zahlreichen Anregungen. Bei Herrn Prof. Oschatz möchte ich mich für die Motivation zur Fertigstellung der Arbeit und die Übernahme eines Gutachtens bedanken.

Nicht zuletzt danke ich meiner Familie für ihre Unterstützung und ihr Verständnis und die Gewährung des nötigen Freiraumes zur Erstellung der Arbeit.

Dresden, Juni 2012 *Annina Abdel Fattah*

Inhaltsverzeichnis

Formelzeichen und Abkürzungen

Formelzeichen

Symbol	Bedeutung	Einheit
A_{HK}	Heizflächengröße	m^2
c_p	Spezifische Wärmekapazität	$J/(kgK)$
D	Dämpfungsmaß	–
f_{RH}	Wiederaufheizfaktor	W/m^2
H	Ventilhub	mm
k	Wärmedurchgangskoeffizient	$W/(m^2K)$
K_P	Proportionalfaktor	$1/K$
$\dot{m}$	Massestrom	kg/s
n	Drehzahl	min^{-1}
n	Dimensionsloser Zähler; Heizkörperexponent	–
p	Druck	Pa
P_{hyd}	Hydraulische Leistung	W
P_{el}	Elektrische Leistungsaufnahme	W
q_h	Spezifischer Jahresheizwärmebedarf	$kWh/(m^2a)$
Q_{HK}	Abgegebene Wärmemenge eines Heizkörpers	Wh
$\dot{Q}_{HK}$	Wärmeabgabe Heizkörper	W
$\dot{q}_i$	Spezifische interne Wärmeabgabe	W/m^2
$\dot{Q}_K$	Wärmeabgabe Kessel	W
t	Zeit	s
T_N	Nachstellzeit	s
$\dot{V}$	Volumenstrom	m^3/h
$\dot{V}_P$	Pumpenvolumenstrom	m^3/h
x	Eingangsgröße	–
x_w	Regelabweichung	K
y	Ausgangsgröße	–
y_I	Integralanteil	–
y_P	Proportionalanteil	–
$\Delta\vartheta$	Differenz zwischen Vor- und Rücklauftemperatur (Spreizung)	K
$\Delta\vartheta_m$	Mittlere Übertemperatur eines Heizkörpers	K
Δt	Zeitschrittweite	s
Δp	Druckdifferenz	Pa
Δp_P	Pumpendruck	Pa
η_P	Pumpenwirkungsgrad	–
λ	Luftwechsel	h^{-1}
ϕ	Heizlastverhältnis	–
ϑ	Temperatur	°C
ϑ_a	Außentemperatur	°C
ϑ_i	Innentemperatur (Lufttemperatur)	°C
ϑ_L	Lufttemperatur	°C
ϑ_{op}	Operative Raumtemperatur	°C

Fortsetzung auf der nächsten Seite

Fortsetzung aus vorheriger Seite

Symbol	Bedeutung	Einheit
ϑ_R	Rücklauftemperatur	$°C$
$\vartheta_{R,N}$	Nenn-Rücklauftemperatur	$°C$
ϑ_V	Vorlauftemperatur	$°C$
$\vartheta_{V,N}$	Nenn-Vorlauftemperatur	$°C$
τ	Zeit	s

Indizes / Abkürzungen

Indizes	Bedeutung
3-Liter-Haus	Gebäude mit einem spezif. Jahres-Heizwärmebedarf von $30\ kWh/(m\acute{y}a)$
a	Außen
AG	Ausdehnungsgefäß
DDR	Differenzdruckregler
DZP	Dezentrale Pumpe
EEWärmeG	Erneuerbare-Energien-Wärmegesetz
EnEG	Energieeinsparungsgesetz
EnEV	Energieeinsparverordnung
EFH	Einfamilienhaus
EPBD	Energy Performance of Buildings Directive
HK	Heizkörper
HKV	Heizkostenverteilung
i	Innen
K	Kessel
MFH	Mehrfamilienhaus
NEH	Niedrigenergiehaus
NPSH	net positiv suction head
op	Operativ
PH	Passivhaus
PID	Proportional-Integral-Differential
PI	Proportional-Integral
P	Proportional
R	Rücklauf
TRV	Thermostatregelventil
TUD	Technische Universität Dresden
TWE	Trinkwassererwärmung
ÜSV	Überströmventil
V	Vorlauf
WE	Wärmeerzeuger
WSchVO	Wärmeschutzverordnung
ZP	Zentrale Pumpe

1 Einführung

In der jüngeren Vergangenheit fanden in der Heizungsbranche enorme technische Verbesserungen statt. Angetrieben wurde und wird diese Entwicklung durch eine Reihe von Gesetzen, Verordnungen, Richtlinien und anderen Maßnahmen auf deutscher wie auf europäischer Ebene, welche auf einen sparsamen und umweltschonenden Umgang mit fossilen Energieträgern abzielen. Beispielhaft hierfür sind die Europäische Gebäudeeffizienzrichtlinie (EPBD [4]), die deutsche Energieeinsparverordnung (EnEV [6]), das Erneuerbare-Energien-Wärmegesetz (EEWärmeG [1]) oder das CO2-Gebäudesanierungsprogramm der Bundesregierung. Jedoch nicht nur ein zunehmendes Umweltbewusstsein, sondern vor allem auch steigende Energiepreise, welche sich im Gegensatz zu Umweltschäden unmittelbar beim Endverbraucher bemerkbar machen, verstärken diesen Trend.

Parallel dazu erweitern sich im Zuge der wachsenden Verbreitung leistungsfähiger Rechentechnik die regelungstechnischen Möglichkeiten entscheidend, auch auf dem privaten Sektor. Ursächlich dafür zeichnen u. a. der rasante Preisverfall bei Mikroprozessoren und Mikrocontrollern, Innovationen auf dem Gebiet der Funktechnik, die Miniaturisierung regelungstechnischer Komponenten und nicht zuletzt die zunehmende Bereitschaft und das Interesse seitens der Nutzer, „hightech“ auch im häuslichen Bereich einzusetzen. Diese Entwicklung lässt sich nicht nur aus den Bestrebungen der Hersteller ablesen, ein sich beständig erweiterndes Angebot hochentwickelter und -spezialisierter Techniken auf dem Markt zu platzieren. Zahlreiche Veröffentlichungen hierzu bestätigen diese Tendenz gleichermaßen. Die wachsende Bedeutung und Anwendungsbreite der Automatisierung im Bereich der Gebäudetechnik schlägt sich nicht zuletzt in der Herausgabe entsprechender technischer Regelwerke nieder[1].

1.1 Gegenwärtige Situation

Der Stand der Technik in der Heizungsbranche hat zum heutigen Zeitpunkt ein hohes Niveau erreicht. Die einzelnen Systemkomponenten sind zum Großteil ausgereift. Die damit theoretisch erreichbare Qualität der Gebäudebeheizung ist aus Sicht von Komfort, Energieeffizienz, Wirtschaftlichkeit und Handhabung in der praktischen Anwendung jedoch zumeist nur eingeschränkt verwirklicht. Ein erhebliches Verbesserungspotential besteht in der Gesamtsystem-Optimierung unter Einbeziehung des Nutzerverhaltens. Zur Verdeutlichung dieser These, aus der sich die Motivation für diese Arbeit ableitet, sollen einleitend einige Kernpunkte angesprochen werden.

In Fachkreisen herrscht übereinstimmend die Meinung, dass das Nutzerverhalten für den Energieverbrauch von enormer Bedeutung ist und der Nutzer mit zunehmendem baulichem Wärmeschutz und steigender Effizienz der Anlagentechnik an Einfluss gewinnt (siehe hierzu

[1] Beispielhaft stehen hierfür die VDI 3813 - Raumautomation, VDI 3814 - Gebäudeautomation, DIN EN 14908 - Firmenneutrale Datenkommunikation für die Gebäudeautomation und Gebäudemanagement oder VDMA 24186-4 - Wartung von MSR-Einrichtungen und Gebäudeautomationssystemen.

bspw. Richter [40], Feist [44] und Franke [51]). Vor diesem Hintergrund ist es von entscheidender Bedeutung, dem Nutzer Lösungen anzubieten, welche ihn zu einem energiesparenden Verhalten animieren und ihn gleichzeitig dabei unterstützen. So kann bspw. der intermittierende Heizbetrieb zu einer signifikanten Absenkung des Energiebedarfes führen. Gründe wie der Bedienaufwand, eine unzureichende Informationsvernetzung mit dem Wärmeerzeuger oder das Fehlen einer Anheizoptimierung bewirken jedoch, dass das theoretisch erschließbare Einsparpotential nur zu einem gewissen Teil abgerufen wird. Eine mangelhafte Anzeige und Interpretationsmöglichkeit aktueller Verbrauchswerte oder -äquivalente wirkt sich diesbezüglich ebenfalls negativ aus.

Des Weiteren werden die Möglichkeiten moderner Brennwerttechnik unzureichend ausgeschöpft. Als Hauptursachen für gegenüber von Prüfstandsmessungen in der Praxis deutlich geringere Nutzungsgrade wird im Ergebnis von Felduntersuchungen, z. B. von Wolff [20] und Erb [41], zumeist auf hohe Bereitschaftsverluste (infolge Überdimensionierung und schlechter Dämmung der Wärmeerzeuger) sowie eine verminderte Abgaskondensation (durch hohe Rücklauftemperaturen und Luftüberschuss) verwiesen. Weitere wesentliche Aspekte, welche zu einem (vermeidbar) hohen Energieaufwand führen, sind ausschließlich außentemperaturgeführte (zu hohe) Vorlauftemperaturen, Regelabweichungen der Raumtemperatur (z. B. durch schwingende Thermostatregelventile) und überdimensionierte Umwälzpumpen. Auch hierzu lassen sich in der Literatur zahlreiche Hinweise finden, bspw. bei Bach [14] und dem OPTIMUS-Projekt [104].

Betrachtet man den thermischen Komfort, so bestehen häufig Defizite hinsichtlich

- der Aufheizung ausgekühlter Räume nach Heizunterbrechungen,
- der Strahlungstemperatur von Heizflächen im Teillastbetrieb,
- der Abstimmung von Heizung und Trinkwassererwärmung,
- der Vermeidung spürbarer Raumtemperaturschwankungen sowie
- der Kompensation von Bedarfslüftungskonzepten.

Praktische Gesichtspunkte betreffend bestehen aus Sicht von Planern, Fachpersonal und Anlagenbetreibern Verbesserungsmöglichkeiten in Bezug auf eine Vereinfachung von Planung und Installation (weniger Einzelbauteile), den hydraulischen Abgleich der Anlagen, umfassende und unkomplizierte Diagnosemöglichkeiten (z. B. Überprüfung der Massestromverteilung), eine einfache Anlagenbedienung (Beispiel Kesselregelung) sowie eine kostengünstige und gerechte Heizkostenverteilung.

Die angesprochenen Probleme in der praktischen Umsetzung der vorhandenen Möglichkeiten moderner Heizungstechnik bewirken, dass Investitionen in solche Techniken für den Anwender nicht nur aus wirtschaftlichen Überlegungen heraus an Attraktivität einbüßen. In gleichem Maße ist die Forschung und Weiterentwicklung für Anbieter auf dem Markt weniger lukrativ. Anhaltend sinkende Heizlasten aufgrund verstärkter Wärmeschutzbemühungen und tendenziell steigender Fremdwärmeeinträge verschärfen die Problematik, da sie die Investitionsbereitschaft zusätzlich dämpfen. Ein Ausweg besteht darin, größere Anreize für den Einsatz hochentwickelter Techniken zu schaffen. Dies könnte durch eine umfassende(re) Ausschöpfung ihrer Vorzüge in der Praxis möglich sein. Den wichtigsten Marktanreiz bilden in der Regel Kostenverringerungen. Diese können insbesondere erzielt werden durch

- Energieeinsparung im Anlagenbetrieb (Heiz- und Antriebsenergie),
- den Wegfall von Komponenten (z. B. Drosselarmaturen),
- die Zusammenlegung von Regeleinrichtungen,
- die Vereinfachung von Serviceleistungen
  (z. B. Heizkostenverteilung, Fehlerdiagnose, Wartung),
- die Verringerung des Planungs- und Installationsaufwandes
  (weniger Bauteile, Wegfall des manuellen hydraulischen Abgleichs).

Darüber hinaus stellen Verbesserungen des thermischen und des Bedienkomforts ebenfalls wichtige Anreize dar, wie auch in wachsendem Maße Aspekte des Umweltschutzes. Eine weitere Möglichkeit beinhalten Fördermaßnahmen seitens der Europäischen Union, des Bundes, der Länder und der Kommunen. Diese erscheinen v. a. dann sinnvoll, wenn es sich um Technik handelt, welche erst durch Massenproduktion den Bereich der Wirtschaftlichkeit zu erreichen vermag. Ein Beispiel hierfür ist der seit Jahren durch Gesetze, Verordnungen und finanzielle Anreize forcierte Einsatz umweltschonender Techniken und regenerativer Energieträger. Volkswirtschaftlich gesehen sollte sich jedes Produkt auf dem Markt langfristig auch ohne Förderung behaupten können.

Der Einsatz moderner Versorgungstechnik ist nicht nur aus marktwirtschaftlicher oder ökologischer Perspektive zu betrachten. Die Verbesserung des baulichen Wärmeschutzes schafft ihrerseits neue Herausforderungen. Stichworte hierfür sind beispielsweise die bereits angesprochene Notwendigkeit der Vorhaltung von Leistungsreserven für Aufheizvorgänge, parallel dazu die Sicherung der Regelgüte der Raumtemperatur bei Vorhandensein großer dezentraler Leistungsreserven und erhöhtem Fremdwärmeeinfluss. Eine andere bedeutsame Frage ist die nach der Wirtschaftlichkeit und Gerechtigkeit der herkömmlichen Heizkostenverteilung in hochwärmegedämmten Gebäuden. Eine Vielzahl wissenschaftlicher Untersuchungen (bspw. von RICHTER [8] und OSCHATZ [83]) sowie technischer Regelwerke (wie z. B. DIN EN 12831 [26] „Heizungsanlagen in Gebäuden" und DIN EN ISO 7730 „Ergonomie der thermischen Umgebung" [34]) beschäftigen sich mit solchen Themen. Die Erfordernis intelligenter Regelungs-, Steuerungs- und Automatisierungstechnik zeichnet sich ab, um der zunehmenden Komplexität der Verhältnisse gerecht werden zu können.

Dies erscheint auch vor dem Hintergrund der Entwicklung der Bevölkerungsstruktur und Wohnsituation in Deutschland perspektivisch sinnvoll. Diese ist seit Jahrzehnten geprägt von einem anhaltenden Trend hin zu Ein- und Zwei-Personenhaushalten mit immer größer werdenden personenbezogenen Wohnflächen. Diese Wohnflächen müssen beheizt und die Kosten hierfür vom Nutzer bezahlt werden. Abb. 1.1 dokumentiert die Aufteilung der Haushalte der Bundesrepublik nach Größe in den Jahren 1991 und 2010.

Anhand der Darstellung kann man erkennen, dass bereits heute in 3/4 aller Haushalte nur noch eine oder zwei Personen leben. Je geringer die Zahl der Nutzer einer Wohneinheit ist, umso ausgeprägter sind Zeiträume, in denen niemand anwesend ist oder nur einzelne Räume frequentiert werden. Für einen effizienten Heizbetrieb werden hier intelligente Systeme benötigt, welche einen räumlich und zeitlich stark schwankenden Heizleistungsbedarf erkennen und mit hoher Dynamik darauf reagieren können.

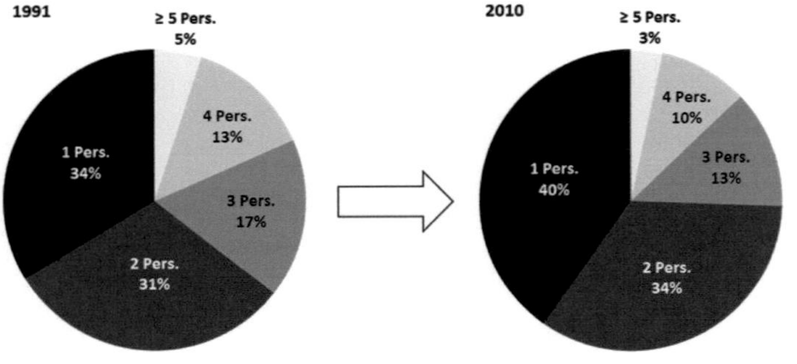

Abb. 1.1: Aufteilung der Haushalte der Bundesrepublik nach Haushalttypen in den Jahren 1991 und 2010 nach [94]

Angesichts der sich abzeichnenden, von Überalterung und Bevölkerungsrückgang geprägten demografischen Entwicklung wird sich dieser Trend fortsetzen. Des Weiteren werden ein altersgerechter Komfort und entsprechende Anwendungen immer mehr an Bedeutung gewinnen. Gleichzeitig kann man davon ausgehen, dass die Akzeptanz für Anwendungen der Automatisierungs- und Informationstechnik perspektivisch zunimmt und auch ältere Generationen mit einschließt.

1.2 Entwicklungspotential und Motivation

Zusammenfassend lässt sich feststellen: Für eine Vielzahl von Problemen existieren Einzellösungen. Diesbezüglich ist eine Entwicklungsgrenze absehbar. Es besteht nunmehr die Notwendigkeit, vorhandene Lösungsansätze und hochentwickelte Einzelkomponenten aufzugreifen und zu kostengünstigen, optimierten Gesamtlösungen zusammenzuführen. Nur durch konsequentes Systemdenken wird die Heizungstechnik zukünftigen Anforderungen, Ansprüchen und Gegebenheiten der Praxis gerecht werden können. Einen wesentlichen Baustein stellt dabei der Informationsaustausch dar und zwar nicht nur zwischen den einzelnen Komponenten, sondern auch zwischen Anlage und Nutzer bzw. Servicepersonal.

Am Markt sind heute leistungsfähige Bussysteme mit offenen Schnittstellen verfügbar, welche den erforderlichen Datenaustausch problemlos bewältigen können. Auch werden von namhaften Herstellern zentrale Einzelraumregelsysteme angeboten, welche die Versorgungstechnik mit der Informations- und Automatisierungstechnik mehr oder weniger stark verknüpfen. Die vorliegende Arbeit möchte konkrete Möglichkeiten diskutieren, wie das auf dem Gebiet der Heizungstechnik bestehende Verbesserungspotential unter Ausnutzung der Möglichkeiten vernetzter, zentraler Einzelraumregelsysteme bereits heute wirtschaftlich erschlossen werden kann.

Einen Überblick über marktgängige Einzelraumregelungstechnik gibt bspw. die Marktrecherche des Bremer Energie Institutes aus dem Jahre 2004 [21]. Darin nicht enthalten sind die seit einiger Zeit angebotenen Systeme mit dezentralen Pumpen. Hierbei handelt es sich um zentrale Einzelraumregelsysteme mit dezentral angeordneten, informationsvernetzten Pumpen, welche als aktive Stellglieder sowohl zur Raumtemperaturregelung wirksam werden als auch die bedarfsgerechte Kompensation der hydraulischen Verluste im Rohrnetz übernehmen. Aufgrund ihres speziellen Aufbaus werden solche Systeme auch als „hydraulisch ideal" bezeichnet. Dadurch heben sie sich von anderen zentralen Einzelraumregelsystemen ab und stellen im Hinblick auf die Gesamtsystem-Optimierung einen besonders vielversprechenden Ansatz dar.

Gleichwohl sind in der Fachliteratur zu diesem neuartigen Konzept bislang nur wenige wissenschaftliche Abhandlungen zu finden. Um so interessanter erscheint es, Betrachtungen zum Einsatz von Systemen mit dezentralen Pumpen anzustellen. Ausgehend von den hydraulischen Grundlagen, mit der spezifischen Besonderheit einer mehr oder weniger großen Anzahl parallel arbeitender Pumpen, sollen die erweiterten regelungstechnischen Möglichkeiten solcher Systeme untersucht werden. Das sich daraus ableitende energetische Einsparpotential dezentraler Pumpensysteme unter verschiedenen Einsatzbedingungen wird einen weiteren Schwerpunkt dieser Arbeit bilden.

2 Stand von Wissenschaft und Technik vernetzter dezentraler Pumpen in Heizsystemen

Der Reduzierung des Antriebsenergieverbrauches von Pumpen in Warmwasserheizungen wird seit einigen Jahren verstärkte Aufmerksamkeit geschenkt. Das führte zu Auswirkungen auf die Produktentwicklung von Umwälzpumpen und die Auslegung sowie den Betrieb hydraulischer Netze. Ausführungen hierzu existieren bspw. von Kettner/Wurm [62], Knabe/Werdin [68] und Nipkow [79]. Bach schlägt in [13] ein Verfahren zur Bewertung hydraulischer Optimierungsmaßnahmen vor. Dabei definiert der Autor als Vergleichsmodell ein theoretisches, hydraulisch ideales Heizsystem, bei dem eine verbraucherseitige (dezentrale) Anordnung der Pumpen den Verzicht auf sämtliche Drosselorgane ermöglicht. Ein solches Idealsystem verwendet Knabe in [65] als Denkmodell für spezielle Betrachtungen zum Betriebsverhalten hydraulischer Netze. Paarporn stellt in [84] ebenfalls das Prinzip eines drosselfreien Heizsystems vor.

Auf der Grundlage umfangreicher theoretischer und experimenteller Voruntersuchungen[2] und nunmehr erweiterter technischer Möglichkeiten konnte das Konzept für drosselfreie Heizsysteme in den letzten Jahren praktisch realisiert werden. Es handelt sich um Systeme, bei denen die Raumtemperaturregelung nicht mehr über thermostatisch, thermoelektrisch oder motorisch angetriebene Drosselventile stattfindet, sondern mit Hilfe von Miniaturpumpen. Sie lassen sich als weitestgehend drosselfreie Heizsysteme mit dezentral angeordneten Pumpen beschreiben, im Weiteren Systeme mit dezentralen Pumpen genannt (kurz: DZP-Systeme).

In dieser Art von Systemen übernehmen Miniaturpumpen über die Funktion der Raumtemperaturregelung hinaus auch den Transport des Heizmediums zu den Verbrauchern. Dadurch sind sie in der Lage, neben der Heizleistung auch die hydraulische Leistung der einzelnen Verbraucher bedarfsgerecht bereitzustellen. Auf eine zentral angeordnete Heizungsumwälzpumpe kann im Regelfall verzichtet werden[3]. In Verbindung mit einer Informationsvernetzung sowie intelligenten Regel- und Steuerungsalgorithmen ergeben sich mit einem solchen System umfangreiche Möglichkeiten zur Einsparung von Heiz- und Antriebsenergie, zur Verbesserung des thermischen Komforts und zur Minimierung des Bedienaufwandes. Es findet ein Übergang von der Angebots- zur Bedarfsheizung statt, thermisch wie hydraulisch. Damit erscheinen Systeme mit vernetzten dezentralen Pumpen besonders geeignet, den im einleitenden Kapitel angesprochenen gegenwärtigen und zukünftigen Anforderungen an heizungstechnische Ausrüstungen von Gebäuden gerecht werden zu können.

Die Ausführungen dieses Abschnittes sollen zunächst Systeme mit dezentralen Pumpen in ihrem grundsätzlichen Aufbau, der Funktionsweise sowie den physikalischen und praktischen Hintergründen und Besonderheiten erläutern. Ausgehend von den herkömmlich verwendeten Lösungen wird dabei auf Gemeinsamkeiten und Unterschiede bei der Wärmeverteilung,

[2] Grundlagenuntersuchungen zum Einsatz dezentraler Umwälzpumpen in Heizsystemen fanden u. a. an der TU Dresden statt [9].

[3] In bestimmten Anwendungsfällen, wie etwa beim Einsatz in größeren Gebäuden, kann davon abweichend u. U. eine zusätzliche zentrale Heizungsumwälzpumpe benötigt werden.

Wärmeerzeugung und der Wärmeübergabe im Raum eingegangen. Ausführlich werden die unterschiedlichen regelungstechnischen Möglichkeiten diskutiert. Diese Vorgehensweise der Gegenüberstellung erscheint auch im Hinblick auf einen späteren Systemvergleich sinnvoll. Weiterhin werden in diesem Abschnitt konkrete Wege zur funktionellen und energetischen Gesamtsystem-Optimierung mit elektronisch geregelten, dezentralen Pumpen angesprochen.

2.1 Wärmeverteilung (Hydraulik)

In konventionellen Heizungsanlagen stellt die zentral angeordnete Umwälzpumpe einen Differenzdruck bereit, der die Druckverluste in allen Stromkreisen kompensiert. Für die Pumpenauswahl ist der bei Volllast unter Auslegungsbedingungen im Heizkreis mit dem hydraulisch ungünstigsten Verbraucher auftretende maximale Druckverlust (Schlechtpunkt) entscheidend. Die tatsächlichen Pumpenarbeitspunkte und damit die elektrische Leistungsaufnahme resultiert im realen Betrieb aus dem Gesamtmassestrom der Anlage, dem jeweils größten auftretenden Druckverlust eines Stromkreises bzw. Verbrauchers (wandernder Schlechtpunkt) und dem jeweiligen Pumpenwirkungsgrad.

Im Teillastfall verringert sich die hydraulische Leistung aufgrund des charakteristischen Verlaufs der Förderhöhe über dem Förderstrom bei ungeregelten Pumpen nur begrenzt. Der mit abnehmendem Massestrom ansteigende Pumpendruck verursacht einen unnötig hohen Antriebsenergiebedarf und wirkt sich darüber hinaus (bei nicht vorhandener strangweiser Differenzdruckregelung) negativ auf das Regelverhalten und die Geräuschentwicklung herkömmlicher Thermostatregelventile aus. Mit Hilfe moderner, stufenlos drehzahlgeregelter Pumpen kann in Abhängigkeit vom gewählten Regelprinzip und der mechanisch bedingten Mindestdrehzahl dieses nicht nur aus energetischer Sicht ungünstige Teillastverhalten mehr oder weniger kompensiert werden. Einen Überblick über gebräuchliche Arten der Drehzahlregelung moderner Umwälzpumpen gibt bspw. SEIFERT in [92].

Die in der Heizungstechnik eingesetzten Umwälzpumpen sind zudem mehrheitlich deutlich überdimensioniert und arbeiten im Teillastbetrieb in der Regel mit einem gegenüber dem Bemessungspunkt deutlich verringerten Wirkungsgrad. Die elektrische Leistungsaufnahme lässt sich auch von daher nur bedingt an den Bedarf anpassen.

Hohe Massestromanforderungen einzelner Verbraucher können in Heizungsnetzen ungünstige Betriebszustände nach sich ziehen, insbesondere in solchen mit großen Widerständen in den gemeinsamen Teilstrecken. Hohe Masseströme treten vor allem im Zusammenhang mit Aufheizvorgängen auf sowie bei einem übermäßig hohen Wärmebedarf infolge einer Beheizung bei geöffnetem Fenster oder der Tolerierung übermäßig hoher Raumtemperaturen. Eine sinnvolle Begrenzung der verbraucherseitigen Masseströme kann dem entgegenwirken. Man bezeichnet dies als hydraulischen Abgleich. Den hydraulischen Abgleich realisiert man gegenwärtig vor allem über Drosselorgane, bspw. durch:

- Voreinstellung von Thermostatregelventilen oder Rücklaufverschraubungen,
- Strangregulierventile,
- Differenzdruckregler (v. a. in durchflussvariablen Stromkreisen (Zweirohrheizungsanlagen) mit großen Differenzdrücken),
- Volumenstromregler (v. a. in durchflusskonstanten Stromkreisen, wie Einrohrheizungsanlagen).

Hydraulisch günstig gelegene Verbraucher in Stromkreisen mit kürzeren Leitungslängen und/oder geringen Einzelwiderständen werden sozusagen „eingedrosselt“. Mitunter wird auch über die Wahl der Rohrnennweiten und -längen (z. B. Tichelmann-Prinzip) versucht, eine Vergleichmäßigung der an den einzelnen Verbrauchern anstehenden Differenzdrücke zu erreichen.

In [105] wird von einer Möglichkeit zum Verzicht auf den hydraulischen Abgleich durch unstetige Wärmeversorgung berichtet („DigiFlow"-Prinzip). Dabei findet im Teillastbetrieb eine abwechselnde Beladung jeweils nur einer Heizfläche statt. Die Befüllungsgrade bzw. Ladezeiträume der einzelnen Heizflächen werden unter Verwendung der Raumtemperatur ermittelt, bspw. mit Hilfe eines Zwei-Punkt-Regelverfahrens. Eine gegenseitige hydraulische Beeinflussung der Verbraucher kann nicht eintreten, der hydraulische Abgleich wird somit nicht benötigt. Im Teillastbetrieb ist der hydraulische Abgleich allerdings auch bei herkömmlicher (stetiger) Wärmeversorgung von untergeordneter Bedeutung. Mit zunehmender Heizlast sinkt die maximal mögliche Anzahl der auf unstetige Weise zu versorgenden Verbraucher. Im Volllastbetrieb muss daher eine Umschaltung vom unstetigen in den konventionellen Heizbetrieb mit gleichzeitiger Versorgung mehrerer Verbraucher erfolgen. Hierfür wird der hydraulische Abgleich erforderlich. Gleichwohl sind, neben den herkömmlich angewendeten, keine alternativen Maßnahmen zu dessen Gewährleistung vorgesehen. Aus Sicht der Autorin beinhaltet das DigiFlow-Prinzip daher in Bezug auf den hydraulischen Abgleich keine neuen Lösungsansätze.

In Systemen mit dezentralen Pumpen ergeben sich demgegenüber geeignetere Möglichkeiten zur Integration einer Fördermengenbegrenzung. Als ein Vorteil erweist sich dabei womöglich der Umstand, dass sich (im Gegensatz zu Ventilen) bei Pumpen über die Kombination von Drehzahl und elektrischer Leistungsaufnahme ein Zusammenhang zur Fördermenge herstellen lässt. Darüber hinaus besteht die Möglichkeit zur Realisierung eines selbsttätigen hydraulischen Abgleichs über die Begrenzung der in Heizflächennähe erfassten Medientemperaturen. Der herkömmlich erforderliche manuelle Aufwand zur Einregulierung entfällt auf diese Weise (siehe hierzu auch Abschnitt 2.1.1).

Im Teillastbetrieb sorgen bei konventionellen Heizungsanlagen Regelarmaturen, zumeist Thermostatregelventile, für eine lastabhängige Anpassung des Massestromes der einzelnen Verbraucher an den momentanen Bedarf (Drosselregelung). Diese Armaturen können nur effektiv arbeiten und eine ausreichende Regelgüte gewährleisten, wenn sie eine gewisse Autorität ggü. dem Differenzdruck des Heizkreises aufweisen. Für Thermostatregelventile empfiehlt sich eine Ventilautorität von 30...70 %[4]. Im Anlagenbetrieb liegen die anteiligen Druckverluste dieser Ventile meist über der vorgesehenen Ventilautorität, da Fremdwärmegewinne eine zusätzliche Eindrosselung der Masseströme am Heizkörper hervorrufen. Das heißt, allein durch den Wegfall der Thermostatregelventile sinken die Druckverluste kleinerer Anlagen im Durchschnitt um mehr als 50 % .

[4] Die Ventilautorität entspricht dem Druckverlust der Regelarmatur im Verhältnis zum insgesamt zur Verfügung stehenden Differenzdruck des entsprechenden Heizkreises. In kleinen Anlagen entspricht dies dem Drucksprung der zentralen Pumpe, in größeren Anlagen dem Strangdifferenzdruck, also dem Differenzdruck am Verteiler oder Differenzdruckregler.

In dezentralen Pumpensystemen wird durch Eliminierung der herkömmlich für einen korrekten Anlagenbetrieb benötigten Drosselorgane (Thermostatregelventile, Strangregulierventile, Differenzdruckregler) erstmals ein Arbeitsbereich von Heizungsumwälzpumpen erschlossen, der bisher nicht oder nur eingeschränkt zur Verfügung stand. Abb. 2.1 zeigt beispielhaft ein mögliches Kennfeld dezentraler Pumpen.

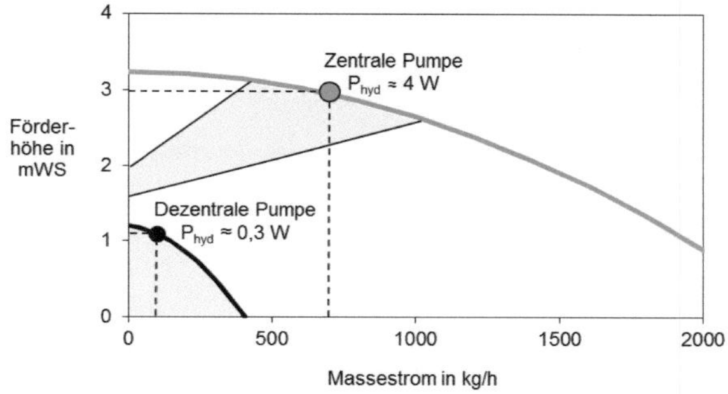

Abb. 2.1: Typische Arbeitsbereiche zentraler und dezentraler Pumpen im Bereich kleinerer Gebäude

Die Darstellung verdeutlicht, dass sich im Vergleich zu konventionellen Heizungsumwälzpumpen wesentlich niedrigere maximale Förderhöhen einstellen (bei gleichen Masseströmen über die Verbraucher). Gleichzeitig steht die hydraulische Leistung einer Pumpe im direkten Zusammenhang zur Förderhöhe bzw. dem Differenzdruck (Glg. 2.1).

$$P_{hyd} = \Delta p_P \cdot \dot{V}_P \tag{2.1}$$

Um die Größenordnung der zu erwartenden elektrischen Leistungsaufnahme dezentraler Pumpen abzuschätzen, soll ein typischer Betriebspunkt mit einer Förderhöhe von 1 mWS bei einem Durchsatz von 100 kg/h betrachtet werden. Eine dezentrale Pumpe gibt unter diesen Bedingungen eine hydraulische Leistung von 0,3 W ab. Berücksichtigt man weiterhin die Umwandlungsverluste von Pumpe und Motor, die zusammengefasst durch den Pumpenwirkungsgrad beschrieben werden, so resultiert (bei Annahme eines eher kleinen Wirkungsgrades der Miniaturpumpen im Bereich von 10...30 %) nach Glg. 2.2 eine elektrische Leistungsaufnahme von 1...3 W. Für ein typisches Einfamilienhaus mit vielleicht 10 Heizflächen bzw. dezentralen Pumpen entspricht dies einer elektrischen Leistung von insgesamt 10...30 W[5]. Wie auch bei ventilgebundener Einzelraumregelung stellt sich darüber hinaus ein geringfügiger Mehrbedarf an elektrischer Hilfsenergie für die zusätzlichen Regeleinrichtungen ein.

$$P_{el} = \frac{P_{hyd}}{\eta_P} \tag{2.2}$$

5 Zum Vergleich: Die zentralen Heizungsumwälzpumpen in Ein-, Zwei- und kleineren Mehrfamilienhäusern besitzen eine elektrischen Leistungsaufnahme in der Größenordnung von 30...100 W.

In dezentralen Pumpensystemen übernehmen aktive Stellglieder (anstelle von passiven Drosselventilen) die lastabhängige Bedarfsanpassung des Heizmediendurchsatzes bei den Verbrauchern. Die stufenlos von 10...100 % der Maximaldrehzahl regelbaren dezentralen Pumpen fördern jeweils nur den zur Aufrechterhaltung der gewünschten Raumtemperatur benötigten Massestrom und gewährleisten gleichzeitig einen ausreichenden hydraulischen Abgleich des Systems, also aller Pumpen bzw. Verbraucher untereinander. Sie kompensieren jeweils nur den zur Raumbeheizung erforderlichen Mindestdruckverlust. Abb. 2.2 stellt das Grundprinzip herkömmlicher Heizungsanlagen mit Thermostatregelventilen dem von Systemen mit dezentralen Pumpen gegenüber.

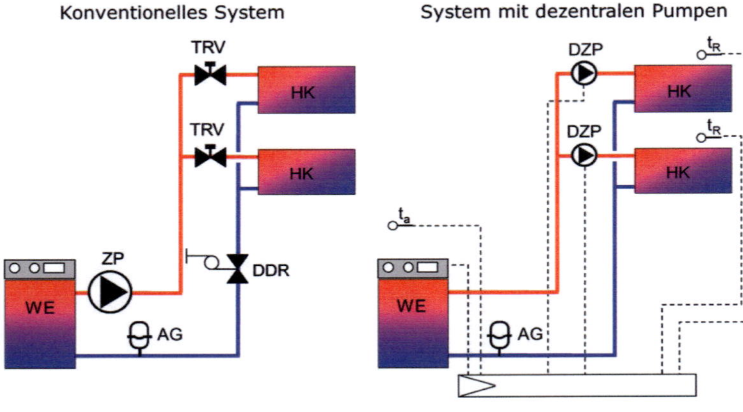

Abb. 2.2: Grundprinzip eines herkömmlichen Heizsystems mit zentraler Pumpe und Thermostatregelventilen im Vergleich zu einem System mit vernetzten dezentralen Pumpen

Bei Stillstand einer dezentralen Pumpe muss der zugehörige Stromkreis bzw. die jeweilige Anbindungsleitung abgesperrt werden[6]. In Systemen mit dezentralen Pumpen ist der Druck im Heizungsrücklauf im Gegensatz zu herkömmlichen Heizungsanlagen größer als im Vorlauf (vgl. Abb. 2.4). Die Absperrung des entsprechenden Stromkreises nach Ausschaltung einer Pumpe ist notwendig, damit andere (eingeschaltete) dezentrale Pumpen aufgrund des von ihnen erzeugten Differenzdruckes kein Medium über den Rücklauf in einen abgeschalteten Stromkreis drücken. Dies würde zu einer entgegengesetzten Durchströmung ausgeschalteter Pumpen und der dazu gehörenden Heizkörper sowie Anbindeleitungen führen (Rückströmen). Eine unerwünschte Wärmeabgabe, ein „Zwangswärmekonsum", wäre die Folge.

[6] Zur Absperrung ist bspw. der Einsatz einer Rückschlagklappe oder die Realisierung über eine automatische Verriegelung der Pumpe denkbar. Eine automatische Verriegelung besitzt den Vorteil, dass die Installation eines weiteren Bauteils je Heizkörper entfällt. Des Weiteren stellt sich im voll geöffneten Zustand kein zusätzlicher Druckverlust ein. Auch kann die Verriegelungsfunktion in Anwendungsfällen mit darüber hinaus vorhandener zentraler Pumpe das Überströmen ausgeschalteter dezentraler Pumpen verhindern.

Des Weiteren würde Rücklaufmedium in den Vorlauf gespeist, was eine Vorlauftemperaturabsenkung für die in Betrieb befindlichen Pumpen bzw. Heizkörper bedeutet. Diese Pumpen müssten dann ihren Durchsatz erhöhen, um einer Verminderung der Wärmeabgabe entgegenzuwirken. Im ungünstigsten Falle stellt sich eine überwiegende Kurzschlussströmung über abgeschaltete Verbraucher ein und führt zu einer Unterversorgung einzelner Abnehmer. Die abgeschalteten Stromkreise würden wie ungeregelte Beimischstrecken wirken und zwar in Abhängigkeit der hydraulischen Verhältnisse im Netz mit mehr oder weniger großem Einfluss.

Die nachfolgenden Abbildungen veranschaulichen die gegenüber konventionellen Heizungsanlagen mit thermostatischer Raumtemperaturregelung (Abb. 2.3) veränderten Druckverhältnisse in Systemen mit dezentralen Pumpen (Abb. 2.4). Druckgewinne und -verluste aufgrund geodätischer Höhenunterschiede finden dabei keine Berücksichtigung, da sie sich in einem geschlossenen Stromkreis gegenseitig kompensieren. Der thermische Umtriebsdruck wird ebenfalls vernachlässigt, er ist bei beiden Systemen gleich stark ausgeprägt.

Wie zu erkennen ist, herrscht in dezentralen Pumpensystemen der niedrigste statische Druck nicht in der Nähe des (zentral angeordneten) Ausdehnungsgefäßes, sondern bei den (dezentralen) Verbrauchern. An den im dezentralen Pumpensystem markierten kritischen Stellen muss daher sichergestellt sein, dass sich gegenüber der Atmosphäre kein Unterdruck einstellen kann (Vermeidung von Luftansaugungen) und überdies die Mindestzulaufhöhe der Pumpen (NPSH) nicht unterschritten wird (Vermeidung von Kavitation). Eine an die speziellen Verhältnisse angepasste Planung der Druckhaltung ermöglicht dies ohne Weiteres.

Durch die parallele Anordnung dezentraler Pumpen besteht, wie auch bei Drosselventilen, eine gegenseitige hydraulische Beeinflussung. Die Bewertung dieses Effektes hinsichtlich seiner Bedeutung für das Gesamtsystem und ein geeignetes Regelkonzept setzt eine Analyse verschiedener Netzkonfigurationen voraus. Weiterhin ist zu beachten, ob sich aus der veränderten Pumpenanordnung im Hinblick auf die Funktionalität verschiedener hydraulischer Schaltungen spezielle Anforderungen ergeben. Diese Fragestellungen sollen im Folgenden näher betrachtet werden.

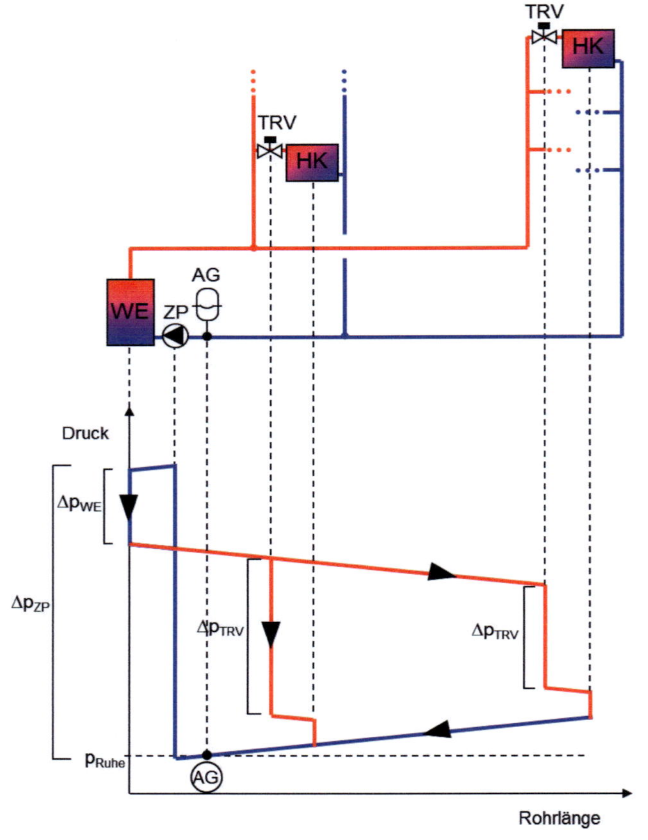

Abb. 2.3: Druckverteilung (qualitativ) in einer Heizungsanlage mit zentraler Pumpe und Thermostatregelventilen

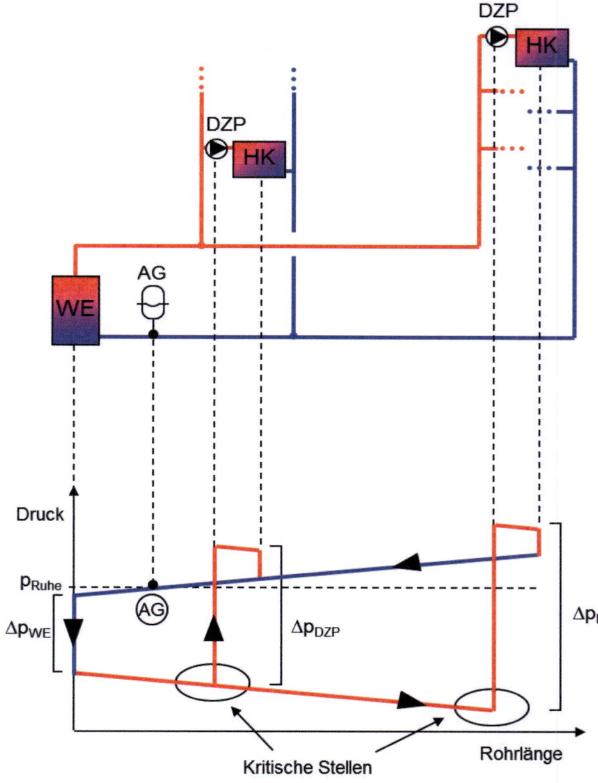

Abb. 2.4: Druckverteilung (qualitativ) in einer Heizungsanlage mit dezentralen Pumpen (bei konventioneller Anordnung des Ausdehnungsgefäßes)

2.1.1 Mögliche Netzkonfigurationen

Die Bandbreite der in Heizungsanlagen vorzufindenden Netzkonfigurationen lässt sich durch die im Folgenden beschriebenen beiden Grenzfälle umreißen:

a) Es handelt sich um ein Heiznetz mit vergleichsweise großem hydraulischem Widerstand in den gemeinsamen Teilstrecken und mit kleinen Widerständen in den verbraucherseitigen Anbindeleitungen. Die Druckverluste entstehen also überwiegend zentral. Dies tritt z. B. bei Wärmeerzeugern mit hohen Druckverlusten (wie etwa Wandgeräten) oder zusätzlichen Einbauten (wie Umschaltventilen, Wärmemengenzählern oder Filtern) auf. Es besteht eine große gegenseitige Beeinflussung der Verbraucher.

b) Es handelt sich um ein Heiznetz mit kleinem Widerstand in den gemeinsamen Teilstrecken und vergleichsweise großen Widerständen in den verbraucherseitigen Netzabschnitten. Die Druckverluste entstehen also überwiegend dezentral, wobei sich die einzelnen Verbraucher diesbezüglich mehr oder weniger stark voneinander unterscheiden können[7]. Das kann z. B. bei weit verzweigten Netzen in Kombination mit einem bodenstehenden Wärmeerzeuger (mit sehr geringem hydraulischem Widerstand) oder der Entkopplung zentraler Anlagenteile über eine hydraulische Weiche der Fall sein. Es herrscht eine geringe gegenseitige Beeinflussung der Verbraucher.

Die Abbildungen 2.5 und 2.6 veranschaulichen die beschriebenen Netzkonfigurationen schematisch und anhand von Ersatzschaltbildern. Sämtliche in der Realität auftretenden Konstellationen bilden Schnittmengen dieser beiden Grenzfälle.

Kritisch für Systeme mit dezentralen Pumpen, wie auch für herkömmliche Anlagen, ist der Fall einer großen gegenseitigen hydraulischen Beeinflussung in Kombination mit dezentral stark unterschiedlichen hydraulischen Widerständen. Bei unzureichendem hydraulischem Abgleich besteht hier die Gefahr der Unterversorgung einzelner Verbraucher infolge hydraulischer Überversorgung anderer. Dabei würde eine hydraulische Unterversorgung zu einer eingeschränkten thermischen Versorgung und damit auch zu einer eingeschränkten thermischen Behaglichkeit führen, sofern sie nicht durch eine Anhebung der Vorlauftemperatur auf Kosten eines erhöhten Energieverbrauches kompensiert wird. Eine dauerhafte hydraulische Überversorgung bewirkt einen unnötig hohen Antriebsenergiebedarf.

Aus diesen Überlegungen leitet sich die Forderung nach einer sachgerechten und dauerhaft gesicherten Realisierung des hydraulischen Abgleichs in Heizungsanlagen ab. In den letzten Jahren fand dies verstärkt Eingang in Verordnungen (EnEV [6]) und technische Regelwerke (z. B. DIN V 4701-10 [32], VDMA 24199 [98], DIN 18380/VOB [27], E DIN EN 14336 [28]). Hinsichtlich der darin formulierten Anforderungen an einen hydraulischen Abgleich existiert ein gewisser Interpretationsspielraum.

[7] Bei Verteilerlösungen oder Tichelmann-System unterscheiden sich die hydraulischen Widerstände der einzelnen Verbraucher wenig voneinander. Bei ausgedehnten Heiznetzen und serieller Anordnung der Verbraucher (ohne Tichelmann) können demgegenüber große Unterschiede bestehen.

Die Auswirkungen eines fehlenden hydraulischen Abgleichs auf die Hydraulik, den Energiebedarf und den thermischen Komfort von Heizungsanlagen sind Gegenstand zahlreicher Untersuchungen. Detaillierte Angaben hierzu finden sich z. B. bei KNABE/WERDIN [49], der OPTIMUS-Studie [61], GUZEK [54] und HIRSCHBERG [57].

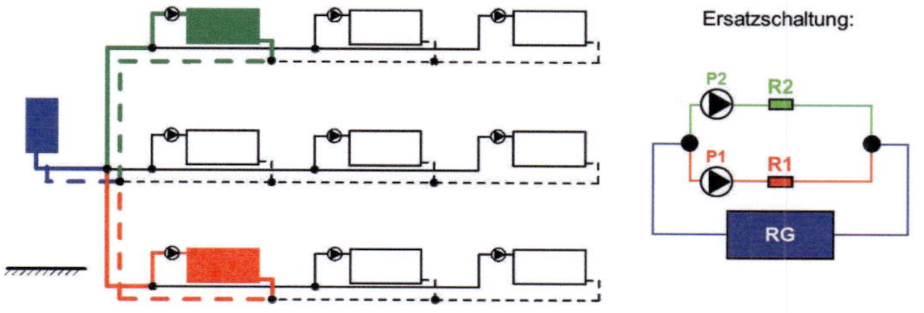

Abb. 2.5: Netzkonfiguration mit großer gegenseitiger hydraulischer Beeinflussung (a)

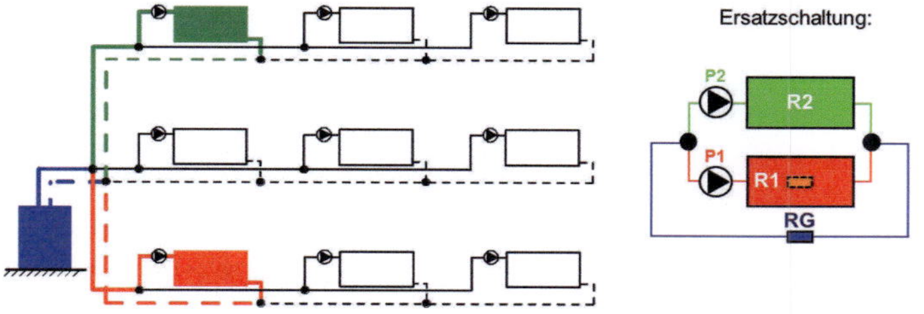

Abb. 2.6: Netzkonfiguration mit geringer gegenseitiger hydraulischer Beeinflussung (b)

Die Erfahrungen in der heizungstechnischen Praxis zeigen, dass oftmals kein hydraulischer Abgleich durchgeführt wird. Einschlägige Erfahrungsberichte hierzu finden sich u. a. bei BACH [14] oder dem Forschungs- und Qualifizierungsprojekt OPTIMUS [61]. Als Ursachen werden in erster Linie die mangelnde Sachkenntnis über einen korrekten hydraulischen Abgleich seitens der Planer und/oder Ausführenden sowie der Mehraufwand zur Durchführung desselben benannt.

Gleichwohl gibt es von den Nutzern verhältnismäßig wenige Rückmeldungen über Probleme, welche durch einen unzureichenden bzw. fehlenden hydraulischen Abgleich hervorgerufen werden. Die Praxis der Anlagenbemessung und -einstellung sieht offensichtlich ausreichende hydraulische und thermische Leistungsreserven vor (überdimensionierte Pumpen und Wärmeerzeuger, hoch eingestellte Heizkurven). Häufig sind auch die Netzkonfigurationen bezüglich eines unzureichenden hydraulischen Abgleichs sehr fehlertolerant. Die Wärmeübertragercharakteristik von Raumheizflächen bewirkt grundsätzlich, dass die Wärmeabgabe der Heizflächen im Bereich der Auslegungsmasseströme nur sehr eingeschränkt auf Abweichungen reagiert (siehe Abb. 2.7).

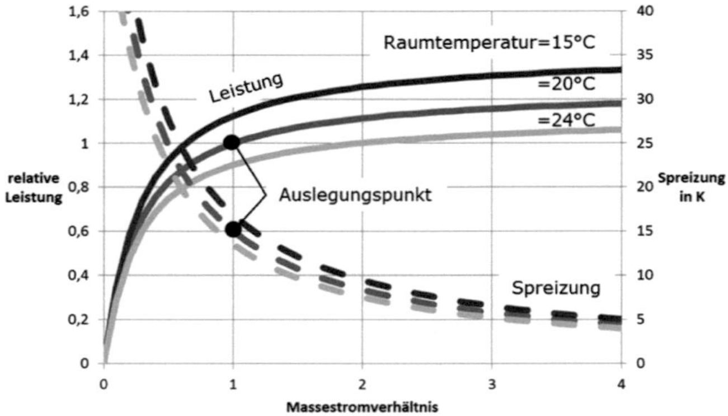

Abb. 2.7: Einfluss der Massestromänderung auf die Änderung der Wärmeabgabe einer Heizfläche

Für dezentrale Pumpensysteme existieren es in Abhängigkeit vom Optimierungsgrad verschiedene regelungstechnische Lösungen zur Kompensation der gegenseitigen hydraulischen Beeinflussung und zur dauerhaften Sicherstellung einer günstigen Massestrom- bzw. Wärmemengenverteilung. Eine Möglichkeit bietet die betriebspunktunabhängige Drehzahlbegrenzung. Die vorzugebende Maximaldrehzahl kann im Zuge der Rohrnetzberechnung ermittelt und als Parameter der Regelung übergeben werden. Der Aufwand zur manuellen Einstellung von Drosselelementen entfällt dadurch. Ein anderer Ansatz sieht vor, mit Hilfe geeigneter Regelalgorithmen unter Verwendung der Medientemperatur einen selbsttätigen hydraulischen Abgleich zu realisieren. Das Verfahren setzt die Kenntnis der Auslegungs-Medientemperatur voraus. Diese wird bei der Inbetriebnahme ohnehin benötigt, bspw. für die Einstellung der Heizkurve.

Insbesondere in Heiznetzen mit großer gegenseitiger hydraulischer Beeinflussung ist des Weiteren eine geringe Autorität der dezentralen Regeleinrichtungen als kritisch zu betrachten. Hierbei können Stabilitätsprobleme an den Regeleinrichtungen Raumtemperaturschwankungen nach sich ziehen, vor allem bei Vorhandensein großer dezentraler Leistungsreserven (stark überdimensionierte Heizflächen). Auch dies ist ein in der heizungstechnischen Praxis nicht selten anzutreffendes Phänomen. Eine elektronische Raumtemperaturregelung kann dem mit Hilfe spezieller Regelstrategien (z. B. Prognosefunktion der Raumtemperatur) sowie durch Festlegung geeigneter Regelparameter (stabiler Regelkreis) wirksam begegnen (siehe auch Abschnitt 2.3.1).

2.1.2 Hydraulische Schaltungen

In Heizungsanlagen werden verschiedene hydraulische Grundschaltungen realisiert. Diese basieren auf den in Abb. 2.8 dargestellten drei Grundformen der

- Drosselschaltung,
- Beimischschaltung und/oder
- Umlenkschaltung.

Ausführliche Erläuterungen zu den hydraulischen Grundschaltungen in konventionellen Systemen finden sich u. a. bei KNABE [66] und in [12]. In Heizungsnetzen mit dezentralen Pumpen ist die Anordnung der Pumpen fest vorgegeben. Drossel- und Beimischschaltung sind auch bei dieser Anordnung voll funktionsfähig.

Die Funktion der Umlenkschaltung ist dagegen ohne Weiteres nicht sichergestellt. Verantwortlich dafür sind die bereits angesprochenen, veränderten Druckverhältnisse. In herkömmlichen Systemen mit zentraler Pumpe ist der statische Druck an der vorlaufseitigen Einbindung des Bypasses einer Umlenkschaltung höher als an der rücklaufseitigen. Dadurch strömt das Medium im Bypass vom Vor- zum Rücklauf. Bei dezentraler Anordnung der Pumpen kehren sich die Verhältnisse um. Das Heizmedium würde aus dem Rücklauf in den Vorlauf strömen (Abb. 2.9). Das Wirkprinzip entspräche dem einer Beimischschaltung.

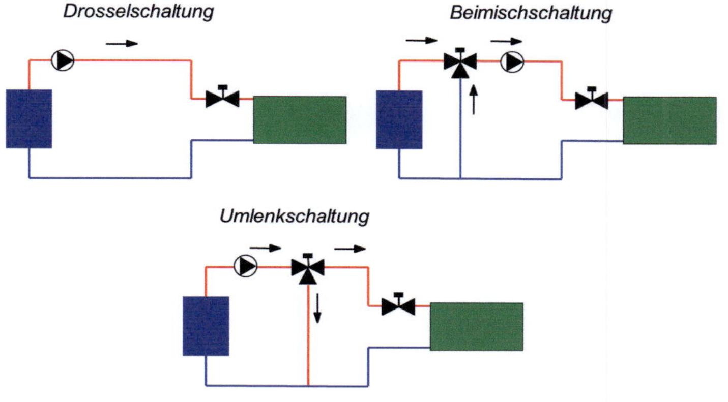

Abb. 2.8: Grundformen hydraulischer Schaltungen

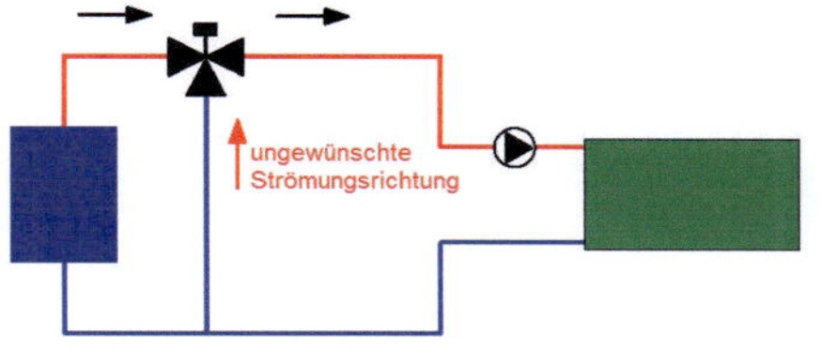

Abb. 2.9: Umlenkschaltung zur Anhebung der Kesselrücklauftemperatur mit dezentraler Pumpe

Je nach Anwendungsfall der Umlenkschaltung lassen sich für dieses Problem verschiedene Lösungen finden. Ein häufiges Einsatzgebiet stellt die Sicherung der Mindestumlaufwassermenge kleinvolumiger Heizkessel dar. In herkömmlicher Weise regelt hier ein Überströmventil den Massestrom über den Bypass. Dies wirkt sich insbesondere bei Brennwertkesseln ungünstig auf die Brennstoffausnutzung aus (Verschlechterung des Brennwerteffektes durch Anhebung der Rücklauftemperatur zum Wärmeerzeuger)[8].

Für Systeme mit dezentralen Pumpen sind diesbezüglich regelungstechnische oder bauseitige bzw. kombinierte Lösungen denkbar (z. B. Bypasspumpe oder hydraulische Entkopplung, jeweils mit / ohne Ansteuerung zwecks Optimierung), welche sowohl den erforderlichen Mindestumlauf des Wärmeerzeugers sicherstellen als auch die unerwünschte Rücklauftemperaturanhebung minimieren (siehe auch Abschnitt 2.2.4). Als Vorteil erweist sich auch hierbei eine Informationsvernetzung, welche es erlaubt, die Anlage (einschließlich der Wärmeerzeugung) mit Hilfe geeigneter Regelstrategien bedarfsgeführt zu fahren. Weitere typische Anwendungsbereiche der Umlenkschaltung sind:

- die Anhebung der Rücklauftemperatur zum Wärmeerzeuger bei Kesseln älterer Bauart (Vermeidung von Tieftemperatur-Korrosion),
- die Regelung der Wärmeabgabe bei Einrohrheizungen und
- die Vermeidung von Strömungsgeräuschen an Thermostatregelventilen.

Kessel älterer Bauart verlieren im Zuge der Energieeffizienzbemühungen der Bundesregierung zunehmend an Bedeutung. Die Energieeinsparverordnung (EnEV [6]) stellt überdies Forderungen in Bezug auf den Austausch von Kesseln älterer Bauart.

Einrohrheizungen wurden in der Vergangenheit wegen des hohen Vorfertigungsgrades und geringeren Materialeinsatzes vor allem aus Kostengründen eingebaut. Die aus dem hydraulischen Grundprinzip resultierenden besonderen Schwierigkeiten und Probleme, welche sich in der praktischen Anwendung zeigen, führten dazu, dass Einrohrheizungen heute nur noch selten realisiert werden. Bei Modernisierungsmaßnahmen erfolgt häufig eine Umrüstung auf das Zweirohrprinzip. Die wachsende Verbreitung von Niedertemperatursystemen, effizienter Brennwerttechnik und erneuerbaren Energieträgern steht überdies im Widerspruch zu den für Einrohrheizungsanlagen typischen hohen Rücklauftemperaturen.

Unabhängig davon existieren auch für die zuletzt genannten Anwendungen einer Umlenkschaltung Lösungen, bspw. in Form des Einsatzes einer zusätzlichen Miniaturpumpe im Bypass oder der Realisierung einer hydraulischen Weiche mit zusätzlicher zentraler Pumpe. Die Vermeidung von Strömungsgeräuschen an Thermostatregelventilen (Punkt 3) ist in Systemen mit dezentralen Pumpen aufgrund des Fehlens von Drosselarmaturen zur Raumtemperaturregelung nicht relevant.

[8] Die in Heizkesseln eingebauten Überströmventile sind so ausgelegt, dass sie den Mindestdurchsatz unter ungünstigsten Bedingungen einhalten, also bei einem Netzmassestrom nahe Null. Steigt der Netzmassestrom, so sinkt die Druckdifferenz über dem Überströmventil und mithin der Bypassmassestrom. Aufgrund des für Überströmventile typischen Kennlinienverlaufs sinkt der Bypassmassestrom aber nicht im selben Maße, wie der Netzmassestrom ansteigt. In der Folge fließt zu einem erheblichen Teil der Betriebszeit ein unnötig hoher Bypassmassestrom.

2.2 Wärmeerzeugung

In dezentralen Pumpensystemen können prinzipiell alle gängigen Arten der Wärmeerzeugung Anwendung finden. Für einen sicheren Betrieb des Wärmeerzeugers wie auch der gesamten Anlage sind dabei bestimmte Anforderungen zu erfüllen, die hauptsächlich von der Art der Wärmeerzeugung und weniger vom konkret gewählten Produkt bzw. Hersteller abhängen. Diese Thematik wurde sowohl an der TU Dresden als auch von einem privaten Forschungsinstitut eingehend analysiert und dokumentiert, weshalb hier lediglich auf diese Quellen verwiesen sei ([11], [103]).

Für den Einsatz in informationsvernetzten Systemen eignen sich aufgrund der erweiterten Möglichkeiten zur Bedarfsanpassung insbesondere solche Wärmeerzeuger, deren Leistung sich im Betrieb möglichst flexibel an den jeweiligen Bedarf anpassen lässt (z. B. Heizkessel mit großem Modulationsbereich). Auf diese Weise können die Vorteile einer Informationsvernetzung in Hinblick auf einen sparsamen Anlagenbetrieb bei Gewährleistung eines hohen thermischen Komforts optimal ausgenutzt werden. Grundsätzlich möglich wird dies durch die Integration entsprechender Regelalgorithmen zur

- bedarfsgerechten Absenkung der Systemtemperaturen im Teillastfall,
- Bereitstellung von Leistungsreserven durch Anhebung der Vorlauftemperatur im Aufheizfall (Schnellaufheizung),
- Minimierung der Takthäufigkeit bzw. der Zahl der Anfahrvorgänge und
- Verringerung von Betriebs- und Bereitschaftsverlusten.

Nachfolgend sollen diesbezüglich bereits bekannte oder denkbare Regel- und Steuerungsfunktionen angesprochen werden, ohne dabei einen Anspruch auf Vollständigkeit zu erheben.

2.2.1 Außentemperaturgeführte Soll-Vorlauftemperatursteuerung

In Pumpenwarmwasserheizungen erfolgt die raumweise (dezentrale) Anpassung des Wärmeangebotes an den -bedarf durch Variation des Massestromes. Zentral (beim Wärmeerzeuger) versucht man, durch geeignete Führung der Soll-Vorlauftemperatur das Wärmeangebot und die -nachfrage einer Anlage weitestgehend in Übereinstimmung zu bringen. Das Ziel einer solchen „Vorregelung" besteht darin, den Aufwand für die Wärmeerzeugung, -verteilung und gegebenenfalls -speicherung so gering wie möglich zu halten. Weiterhin vereinfacht sich dadurch die dezentrale „Nachregelung" mittels Massestromverstellung.

Zur Soll-Vorlauftemperaturvorgabe existieren verschiedene Strategien. Konventionell wird sie zumeist in Abhängigkeit der Außentemperatur bestimmt. Dahinter steht der Gedanke, dass die Außentemperatur für die stationäre Heizlast eines Gebäudes die Haupteinflussgröße darstellt, da sich sowohl Transmissions- als auch Lüftungswärmeverluste direkt proportional zur Außentemperatur verhalten. Über die sogenannte Heizkurve wird der Zusammenhang zwischen Außen- und Soll-Vorlauftemperatur formuliert.

Die Heizkurve leitet sich aus der Bilanzierung der Wärmeströme an den Systemgrenzen Heizfläche / Raum sowie Raum (bzw. Gebäude) / äußere Umgebung ab. Dabei entspricht im stationären Fall der Wärmestrom vom Heizmedium über die Heizfläche an den Raum demjenigen, welcher vom Raum über seine Umschließungsflächen an die Umgebung abgegeben wird. Mit Hilfe von Gleichungen lässt sich dieser Zusammenhang wie folgt formulieren:

Wärmeabgabe des Heizkörpers über die Oberfläche A_{HK}

$$\dot{Q}_{HK} = k \cdot A_{HK} \cdot \Delta\vartheta_m \tag{2.3}$$

mit der mittleren arithmetischen Übertemperatur

$$\Delta\vartheta_m = \frac{\vartheta_V + \vartheta_R}{2} - \vartheta_i \tag{2.4}$$

und dem Wärmedurchgangskoeffizienten (bezogen auf Normbedingungen, Index N)

$$k = k_N \cdot \left(\frac{\Delta\vartheta_m}{\Delta\vartheta_{m,N}}\right)^n \cdot \left(\frac{\dot{m}}{\dot{m}_N}\right)^m \tag{2.5}$$

Die mittlere Übertemperatur des Heizkörpers wird vereinfacht auf der Grundlage des arithmetischen Mittelwertes der Vor- und Rücklauftemperatur gebildet. Zur Berechnung einer Heizkurve zwecks Berücksichtigung des Außentemperatureinflusses auf den Wärmebedarf stellt dies einen hinreichend genauen Ansatz dar[9].

Der Wärmedurchgangskoeffizient ist temperatur- und in geringerem Maße auch massestromabhängig. Eine Massestromerhöhung von bspw. 50 % bewirkt eine relative Verbesserung des Wärmedurchganges von lediglich ca. 8 % (bei Annahme eines Exponenten von $m = 0,2$ nach KNABE [66]), weshalb dieser Zusammenhang hier unberücksichtigt bleiben kann. Die Temperaturabhängigkeit ist demgegenüber von etwas größerem Einfluss. KNABE gibt in [66] für freie Heizflächen (Platten-, Gliederheizkörper, Konvektoren) Exponenten n in der Größenordnung von 0,25...0,40 an. Die Summe $1 + n$ bezeichnet man üblicherweise als Heizkörperexponent. Durch Substitution des Wärmedurchgangskoeffizienten in Glg. 2.3 durch den Zusammenhang nach Glg. 2.5 lässt sich die Wärmeabgabe des Heizkörpers unter Bezugnahme auf Normbedingungen damit beschreiben zu:

$$\dot{Q}_{HK} = \dot{Q}_{HK,N} \cdot \left(\frac{\Delta\vartheta_m}{\Delta\vartheta_{m,N}}\right)^{1+n} \tag{2.6}$$

Diese Wärmeabgabe führt zu einer entsprechenden Verringerung der inneren Energie des Mediums beim Durchströmen des Heizkörpers. Daher kann für die Heizfläche auch eine kalorische Bilanz aufgestellt werden:

---

9 Die Abweichungen zwischen der thermodynamisch exakten (logarithmischen) und der vereinfachten (linearen) Übertemperatur sind um so größer, je niedriger das Temperaturniveau an sich und je größer die Spreizung ist.

$$\dot{Q}_{HK} = \dot{m} \cdot c_p \cdot (\vartheta_V - \vartheta_R) \tag{2.7}$$

Für das sogenannte Heizlastverhältnis ϕ lässt sich damit ableiten:

$$\phi = \frac{\dot{Q}_{HK}}{\dot{Q}_{HK,N}} = \left(\frac{\Delta\vartheta_m}{\Delta\vartheta_{m,N}}\right)^{1+n} = \frac{\dot{m}}{\dot{m}_N} \cdot \frac{\Delta\vartheta}{\Delta\vartheta_N} \tag{2.8}$$

Für die mittlere Übertemperatur in Abhängigkeit vom Heizlastverhältnis gilt somit:

$$\Delta\vartheta_m = \phi^{\frac{1}{1+n}} \cdot \Delta\vartheta_{m,N} \tag{2.9}$$

Durch Ersetzen der mittleren Übertemperatur durch den Zusammenhang nach Glg. 2.4 und Bestimmung der darin enthaltenen Rücklauftemperatur über die Differenz aus Vorlauftemperatur und Spreizung resultiert für die Vorlauftemperatur bzw. Heizkurve:

$$\vartheta_V = \phi^{\frac{1}{1+n}} \cdot \Delta\vartheta_{m,N} + \frac{1}{2} \cdot \Delta\vartheta + \vartheta_i \tag{2.10}$$

Die Soll-Vorlauftemperatur nach Heizkurve soll, wie gesagt, der Anpassung des Wärmeangebotes an den Bedarf unabhängig von einer (dezentralen) Verringerung des Massestromes dienen (zentrale Vorregelung). Für das Massestromverhältnis ist daher ein konstanter Wert von 100 % ($\frac{\dot{m}}{\dot{m}_N} = 1$) anzusetzen. Für die Temperaturspreizung $\Delta\vartheta$ gilt damit nach Glg. 2.8:

$$\Delta\vartheta = \phi \cdot \Delta\vartheta_N \tag{2.11}$$

Die Heizkurve nimmt dadurch folgende Form an:

$$\vartheta_V = \phi^{\frac{1}{1+n}} \cdot \Delta\vartheta_{m,N} + \frac{1}{2} \cdot \phi \cdot \Delta\vartheta_N + \vartheta_i \tag{2.12}$$

Das Heizlastverhältnis verbleibt darin als einzige Unbekannte. Es lässt sich aus der stationären Energiebilanz an der Gebäudegrenze ableiten. Die Energiebilanz besagt an der Stelle, dass die vom Heizsystem an das Gebäude abgegebene Heizleistung dem Wärmeverlust des Gebäudes an seine äußere Umgebung (durch Transmission und Lüftung) entsprechen muss. Da die spezifischen Wärmeverlustströme an die Umgebung (unabhängig von der Außentemperatur) im stationären Fall näherungsweise konstant sind, kann für das Heizlastverhältnis folgender Zusammenhang hergeleitet werden:

$$\phi = \frac{\vartheta_i - \vartheta_a}{\vartheta_{i,N} - \vartheta_{a,N}} \tag{2.13}$$

Damit ist der Bezug der Heizkurve zur Außentemperatur hergestellt. Neben der Außentemperatur beeinflussen aber auch andere Witterungskomponenten die Energiebilanz eines Gebäudes bzw. Raumes, in erster Linie die solare Einstrahlung. Des Weiteren sorgen interne Wärmegewinne (z. B. durch elektrische Geräte, Beleuchtung, Personen) sowie ein von der Planung abweichendes Nutzerverhalten für einen unterschiedlichen Wärmebedarf bei gleichen

Außentemperaturen. Instationäre Vorgänge (im wesentlichen die Ein- und Ausspeicherung von Wärme aus der Baukonstruktion) tragen ebenfalls dazu bei.

Aufgrund der kapazitiven Wirkung der Baukonstruktion folgt die dynamische Heizlast eines Raumes bzw. Gebäudes einer verzögerten Außentemperaturwelle. Je nach Bauschwere und Wärmeschutz kommt eine mehr oder weniger große zeitliche Verzögerung ins Spiel. Diesen Effekt versucht man über die Bezugnahme der Heizkurve auf einen gedämpften Wert der Außentemperatur zu berücksichtigen. Für die anderen genannten Einflüsse (Fremdwärme, Nutzerverhalten) lässt sich dagegen kein eindeutiger Zusammenhang zur Außentemperatur herstellen.

Eine übliche Vorgehensweise zur Dämpfung des gemessenen Außentemperaturverlaufes stellt die kontinuierliche Bildung eines Mittelwertes über den Zeitraum der vorangegangenen 10...15 Stunden dar. Dies ist mit der Notwendigkeit zur Vorhaltung ausreichend großer Datenmengen verbunden. Um den erforderlichen Datenspeicher bei der Implementierung in einen elektronischen Regler so gering wie möglich zu halten, kann alternativ dazu die Außentemperaturdämpfung durch Nachschalten eines PT1-Gliedes (Proportionalverhalten mit Verzögerung 1. Ordnung) nachgebildet werden. Dieses Verfahren wird in der Mess- und Automatisierungstechnik häufig angewendet, unter anderem auch zur Filterung von Messsignalen (Tiefpassfilter). Mathematisch lässt sich der Zusammenhang zwischen Ein- und Ausgangsgröße eines PT1-Gliedes im Zeitbereich mit Hilfe einer Exponentialfunktion beschreiben:

$$y(\tau) = K_P \cdot x_0 \cdot (1 - e^{-\frac{\tau}{T_1}}) + y_0 \tag{2.14}$$

Die Größe T_1 stellt die Zeitkonstante dar und markiert den Zeitraum, welchen die Ausgangsgröße y nach einem vorangegangenen Sprung der Eingangsgröße x bis zum Erreichen von 63 % des Endwertes benötigt. Nach dem 3-fachen der Zeitkonstante sind ca. 95 % des Endwertes erreicht. x_0 entspricht dabei der Sprunghöhe der Eingangsgröße und y_0 dem Startwert der Ausgangsgröße (zum Zeitpunkt $\tau = 0$) sowie K_P dem Proportional- bzw. Verstärkungsfaktor.

Die Anwendung innerhalb eines digitalen Reglers erfordert eine Umwandlung der zeitkontinuierlichen Gleichung 2.14 in eine zeitdiskrete Form. Dies erreicht man, indem der Startwert der Ausgangsgröße y_0 kontinuierlich den Wert der Ausgangsgröße des vorangegangenen Zeitschrittes $y(t - \Delta t)$ erhält. Die Sprunghöhe der Eingangsgröße x_0 entspricht dann der Differenz aus Eingangsgröße des aktuellen Zeitschrittes $x(t)$ und dem jeweiligen Startwert, also der Ausgangsgröße des vorangegangenen Zeitschrittes $y(t - \Delta t)$. Unter der weiteren Voraussetzung, dass keine Verstärkung des Eingangssignales stattfinden soll ($K_P \to 1$), lässt sich die Gleichung für das PT1-Gliedes zu einem beliebigen Zeitschritt t wie folgt darstellen:

$$y(t) = (x(t) - y(t - \Delta t)) \cdot (1 - e^{-\frac{\Delta t}{T_1}}) + y(t - \Delta t) \tag{2.15}$$

Auf diese Art der Dämpfung des Außentemperaturverlaufes zur Weiterverarbeitung innerhalb einer haustechnischen Steuerung oder Regelung wird auch in einschlägiger Fachliteratur verwiesen (bspw. vom Arbeitskreis der Dozenten für Regelungstechnik [12]). Abb. 2.10 verdeutlicht die Wirkungsweise dieses Verfahrens und stellt es der Methode mit Mittelwertbildung gegenüber.

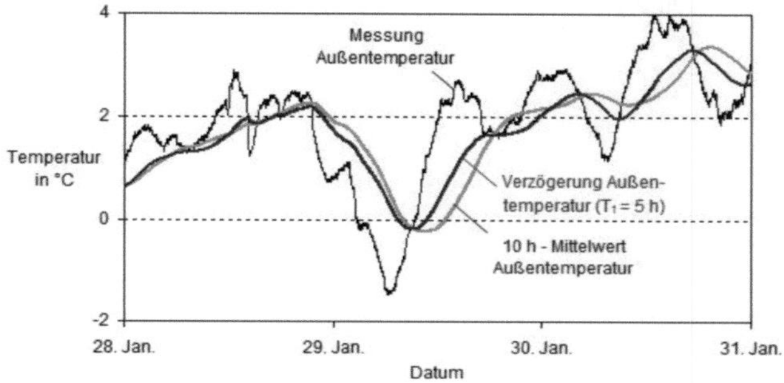

Abb. 2.10: Verlauf der gemessenen, der verzögerten und der gemittelten Außentemperatur an drei aufeinanderfolgenden Wintertagen

Die Darstellung zeigt beispielhaft den Verlauf der gemessenen Außentemperatur an drei aufeinanderfolgenden Wintertagen im Januar und die daraus abgeleiteten Verläufe der PT1-verzögerten bzw. durch Mittelwertbildung berechneten Außentemperatur. Bei einer Zeitkonstanten T_1 von 5 Stunden und einer Mittelwertbildungszeit von 10 Stunden zeigt sich eine gute Übereinstimmung des verzögerten und des gemittelten Temperaturverlaufes.

Allen vorgenannten Einflussgrößen auf die Heizlast eines Gebäudes (Fremdwärme, Speicherfähigkeit, Nutzerverhalten) ist gleich, dass sie mit zunehmendem baulichem Wärmeschutz an Bedeutung gewinnen, wohingegen der Außentemperatureinfluss sinkt. Vor diesem Hintergrund wird verständlich, dass die rein außentemperaturabhängige Soll-Vorlauftemperatursteuerung nach Heizkurve insbesondere in der Übergangszeit (mit hohen solaren Einstrahlungen) und/oder in hochwärmegedämmten Gebäuden dem tatsächlichen Verlauf des Heizleistungsbedarfes nur in mehr oder weniger begrenztem Maße gerecht werden kann.

Zur Vermeidung eingeschränkter thermischer Behaglichkeit bei fehlenden Wärmegewinnen orientiert sich in Systemen ohne Informationsvernetzung die vom Wärmeerzeuger angeforderte Soll-Vorlauftemperatur am maximal zu erwartenden Bedarf. Da die Gewährleistung eines ausreichenden thermischen Komforts gegenüber dem energetisch effizienten Anlagenbetrieb in der Regel die höhere Priorität besitzt (vor allem im Mietwohnungsbau), wird die Heizkurve in der Praxis zudem tendenziell eher hoch eingestellt. Zu diesem Ergebnis kommt u. a. JAGNOW bei der Auswertung von Heizkurveneinstellungen in der realen Anwendung [60].

In der Folge arbeiten herkömmliche Heizsysteme überwiegend mit zu hohen Vorlauftemperaturen. Daraus ergeben sich erhöhte Betriebs- und Bereitschaftsverluste des Wärmeerzeugers sowie ein häufigeres Takten aufgrund sehr niedriger Netzmasseströme. Die Verteilungswärmeverluste steigen ebenfalls. Raumseitig führt ein überhöhtes Vorlauftemperaturangebot nicht selten zu einer Verschlechterung der Qualität der Raumtemperaturregelung (Schwingungen), insbesondere in hochwärmegedämmten Gebäuden, wo Fremdwärmegewinne typischerweise einen höheren Teil der Wärmeverluste kompensieren können. Ein überhöhtes Vorlauftemperaturangebot fördert darüber hinaus ein „verschwenderisches“ Nutzerverhalten (höhere Raumtemperaturen).

2.2.2 Bedarfsgeführte Soll-Vorlauftemperaturregelung

Angesichts dieser Tatsachen gibt es in der Branche zunehmende Bestrebungen, mit Hilfe von Informationen über den tatsächlichen Wärmebedarf der einzelnen Verbraucher die Anpassung der Soll-Vorlauftemperatur an den Bedarf zu verbessern. Es existieren bereits verschiedene Ansätze zur Bedarfsanpassung der Wärmebereitstellung. Sowohl SEIFERT [92] als auch KRAFT [70] stellen in ihren Arbeiten gängige Verfahren vor. In der Regel erfolgt die Bestimmung der Soll-Vorlauftemperatur dabei durch Adaption der theoretisch berechneten Heizkurve innerhalb festgelegter Grenzen. Die Adaption erfolgt in Abhängigkeit einer oder mehrerer Kenngrößen, wie etwa der Raumtemperatur, der Heizflächentemperatur oder des Ventilhubes.

Jedes dieser Verfahren weist je nach Entwicklungs- und Vernetzungsgrad des entsprechenden Systems spezifische Vor- und Nachteile auf. Die technisch einfachste Möglichkeit zur Bedarfsanpassung besteht in der Aufschaltung der Temperatur eines Referenzraumes. Bei einer für viele Gebäude typischen, örtlich und zeitlich ungleichmäßigen Verteilung der Wärmelasten auf die einzelnen Räume ist diese Strategie jedoch äußerst problematisch. Zudem versagt sie bei Eingriffen des Nutzers in die Temperaturregelung des Referenzraumes (Sollwertverstellung). Sie kommt deshalb praktisch nur sehr selten zur Anwendung.

Des Weiteren ist ein Verfahren bekannt, bei dem auf der Grundlage der Heizflächen- und Raumtemperaturen, welche von elektronischen, funkvernetzten Heizkostenverteilern ermittelt werden, eine Bewertung des Versorgungszustandes der einzelnen Räume vorgenommen wird. Dies setzt die genaue Kenntnis der installierten Heizflächen aller Räume voraus.

Bei vernetzten Einzelraumregelsystemen wird zum Zwecke der Bedarfsanpassung der Soll-Vorlauftemperatur mitunter die Stellung der Regelventile ausgewertet. Aus dem Ventilhub lässt sich aber kein eindeutiger Rückschluss auf den durchgesetzten Massestrom bzw. die abgegebene Heizleistung ziehen, da hierbei die hydraulischen Verhältnisse im Rohrnetz eine Rolle spielen. Dementsprechend spiegelt die Ventilstellung den Raumwärmebedarf nur eingeschränkt wider. Weitere Kenngrößen, die Auskunft über den Versorgungszustand geben könnten (Raumtemperatur und Vor- / Rücklauftemperatur), sind oftmals nicht oder nur teilweise bekannt.

In vernetzten Einzelraumregelsystemen, bei denen die Ist- und Sollwerte der Raumtemperaturen bzw. die Raumtemperatur-Regelsignale aller Verbraucher bekannt sind, bestehen grundsätzlich gute Voraussetzungen zur Realisierung einer bedarfsgeführten Soll-Vorlauftemperaturregelung. Dies gilt auch für Systeme mit vernetzten dezentralen Pumpen. Ein Ansatz sieht vor, ausgehend von einer den Maximalbedarf abdeckenden Vorlauftemperatur so weit abzusenken, dass der Wärmebedarf des Verbrauchers mit der jeweils höchsten Anforderung gerade kompensiert wird. Als Maximalwertbegrenzung bietet sich bspw. eine theoretisch berechnete Heizkurve an[10]. Der Stellbereich der Soll-Vorlauftemperatur resultiert dann aus der Differenz zwischen der Heizkurve und einer minimalen Vorlauftemperatur (z. B. Mindestvorlauftemperatur des Wärmeerzeugers) und variiert in Abhängigkeit der Außentemperatur. Abb. 2.11 verdeutlicht das Prinzip.

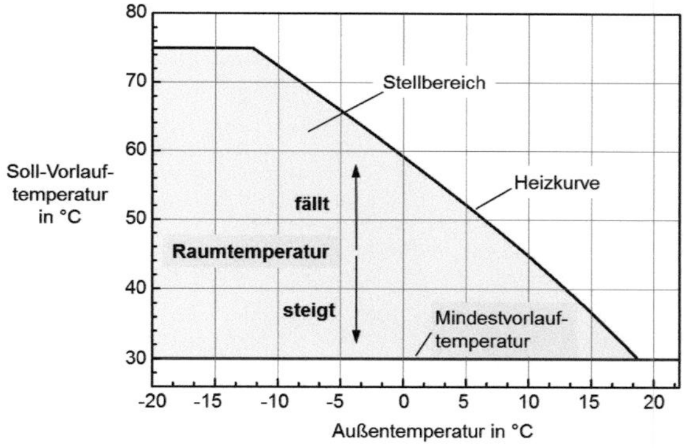

Abb. 2.11: Möglicher Stellbereich einer bedarfsabhängigen Soll-Vorlauftemperaturregelung

Als Regelgröße der Soll-Vorlauftemperaturregelung kann bspw. der Ventilhub oder das Drehzahlverhältnis herangezogen werden, als Führungsgröße ein anzustrebendes Stellverhältnis der raumweisen Regeleinrichtung. In der Praxis erweist sich diesbezüglich laut Baumgarth [16] für Heizkörperventile ein Sollwert in der Größenordnung von 70...90 % als sinnvoll. Für dezentrale Pumpen könnte die Führungsgröße in geeigneter Weise so gewählt werden, dass sich Betriebspunkte mit größtmöglichem Pumpenwirkungsgrad ergeben.

Bei Ankopplung der Soll-Vorlauftemperaturregelung an den Raumwärmebedarf bzw. die Raumtemperaturregelung ist zu berücksichtigen, dass die Reglereinstellungen aufeinander abgestimmt werden müssen. In Abhängigkeit von den jeweils gewählten Regelverfahren (z. B. PI-Regelung, siehe Abschnitt 2.3.1) könnten sich sonst bei ungeeigneter Parametrierung (zu träge Raumtemperaturregelung / zu flinke Soll-Vorlauftemperaturregelung)

10 Deren Festlegung kann weitestgehend anlagenunabhängig erfolgen, so dass sich für die meisten Anwendungsfälle kein zusätzlicher Parametrierungsaufwand ergibt.

ungünstige Betriebszustände einstellen. In der gegenseitigen Wechselwirkung der Funktionen führt dies u. U. zu Instabilitäten innerhalb des Regelsystems. Stark schwankende Soll-Vorlauftemperaturen sind für die meisten Wärmeerzeuger schwer zu realisieren und wirken sich energetisch eher ungünstig aus. Raumtemperaturschwankungen bedeuten womöglich Komfortbeeinträchtigungen für den Nutzer.

Andererseits muss eine bedarfsabhängige Soll-Vorlauftemperaturregelung ohne große Verzögerung auf sprunghafte Erhöhungen des Raumwärmebedarfes reagieren können (z. B. im Zusammenhang mit Sollwert-Erhöhungen). Hierfür sind geeignete Regelstrategien zu finden, um Unterversorgungserscheinungen aufgrund einer zu trägen Leistungsanpassung der Wärmebereitstellung wirkungsvoll begegnen können. Dies gewinnt um so mehr an Bedeutung, je höher der bauliche Wärmeschutz im Anwendungsfall ist. Für größere Sollwertanhebungen der Raumtemperatur könnte sich diesbezüglich bspw. eine vorübergehende Anhebung der Soll-Vorlauftemperatur über das Niveau der außentemperaturabhängigen Heizkurve hinaus als zweckmäßig erweisen. Eine solche Art der Raumaufheizung unter Ausnutzung zusätzlicher Leistungsreserven bezeichnet man als Schnellaufheizung.

2.2.3 Schnellaufheizung

Die Problematik inakzeptabel langer Aufheizzeiten in hochwärmegedämmten Gebäuden ist ein in der Branche viel diskutiertes Thema. Verschiedene wissenschaftliche Arbeiten, bspw. von RICHTER U.A. [8] und KNORR [69], beschäftigen sich damit tiefgehend. Folgende Tendenzen zeichnen sich ab:

Der Trend zur stetigen Erhöhung des Wärmeschutzes von Gebäuden führt zu immer kleineren installierten Heizflächen, da diese für stationäre Verhältnisse ausgelegt werden. Insbesondere in Räumen mit verstärkter Nachtlüftung stellen sich dadurch Aufheizzeiten in einer Größenordnung ein, die für den Nutzer nicht mehr tolerierbar sind. Die (neue) Heizlastberechnung nach DIN EN 12831 [26] sieht aus dem Grund optional eine Wiederaufheizreserve vor. Kritisch sind solche Aufheizvorgänge, bei denen die Raumumfassungskonstruktion mit auskühlt. Typisch hierfür sind Räume mit Wechselnutzung, wie beispielsweise Kinderzimmer mit nächtlicher Lüftung. Unkritisch sind dagegen kurzzeitige Auskühlvorgänge (z.B. durch Stoßlüftung), auch wenn sich dabei vorübergehend sehr niedrige Raumlufttemperaturen ergeben. Da beim anschließenden Aufheizen nur das Raumluftvolumen erwärmt werden muss, kann in diesem Fall auch mit einer kleinen Heizfläche eine kurze Aufheizzeit erreicht werden.

Zur Realisierung einer Aufheizreserve existieren unterschiedliche Ansätze. Neben der Heizflächenvergrößerung ist diesbezüglich die vorübergehende Erhöhung der Vorlauftemperatur oder des Massestromes oder eine Kombination dieser Maßnahmen zu nennen. Die Heizflächenvergrößerung ist mit investiven Mehrkosten verbunden und erzeugt seitens der Raumtemperaturregelung im Teillastfall unter Umständen ein kritisches Regelverhalten (siehe [8]). Die vorübergehende Anhebung der Vorlauftemperatur setzt demgegenüber lediglich das Vorhandensein einer ausreichend großen zentralen Leistungsreserve voraus. Dies ist in der Regel gegeben, da in kleineren Gebäuden der Wärmeerzeuger für den Heizbetrieb zumeist überdimensioniert ist[11] und in größeren Gebäuden der Aufheizbetrieb nicht für alle Räume zeitgleich stattfindet.

Konventionell erfolgt die Aktivierung des Aufheizbetriebes in der Regel durch Programmierung der Schaltzeiten an der zentralen Wärmeerzeugerregelung. Eine individuelle, dezentral ausgelöste Vorlauftemperaturanhebung ist darüber nicht realisierbar. In vernetzten Einzelraumregelsystemen besteht demgegenüber prinzipiell die Möglichkeit zur Implementierung einer Schnellaufheizfunktion. Dabei sollte dem Nutzer oder Anlagenbetreiber die Option gegeben sein, diese Funktionalität im Hinblick auf einen energiesparenden Betrieb nur in ausgewählten Räumen und/oder Zeitfenstern gewähren zu können. Auf diese Weise kann bspw. in Mehrfamilienhäusern der Trend zu dauerhaft hohen Vorlauftemperaturen (aufgrund häufigen Auslösens der Schnellaufheizung) vermieden werden.

Einen geeigneten Stellbereich der Schnellaufheizung stellt grundsätzlich das Temperaturspektrum oberhalb der außentemperaturabhängigen Heizkurve bis zur maximalen Vorlauftemperatur des Wärmeerzeugers (z. B. 85 °C) dar. Ein denkbarer Ansatz zur Umsetzung einer Schnellaufheizung besteht darin, ausgehend von der außentemperaturgeführten Heizkurve die Vorlauftemperatur in Abhängigkeit der Höhe der Sollwertunterschreitung im Raum mehr oder weniger weit anzuheben. Um zu vermeiden, dass die Anwendung einer solchen Funktion zu einem unangemessenen Anstieg des Energiebedarfes einer Anlage führt, kann eine Begrenzung der Vorlauftemperaturanhebung sinnvoll sein (z. B. auf eine konstante Differenz zur Heizkurve, Abb. 2.12).

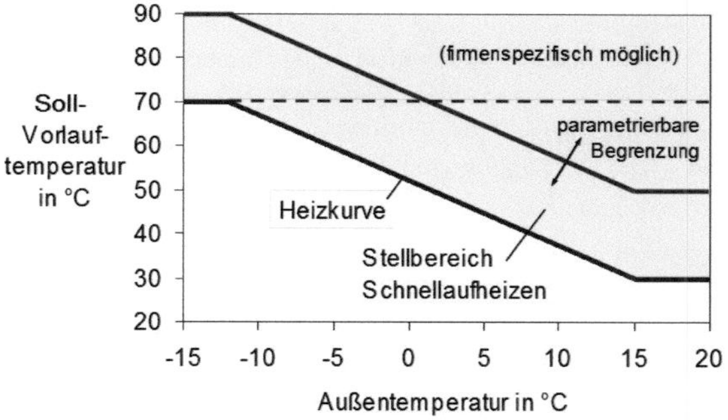

Abb. 2.12: Möglicher Stellbereich einer Schnellaufheizfunktion

Abb. 2.13 veranschaulicht die Wirkungsweise der Schnellaufheizung im Zusammenspiel mit einer bedarfsgeführten Soll-Vorlauftemperaturregelung anhand von Simulationsergebnissen. Das ausgewählte Beispiel verdeutlicht die signifikante Verkürzung der Aufheizzeit des betreffenden Raumes unter Ausnutzung solcher Funktionalitäten.

[11] Bei der Dimensionierung der Wärmeerzeuger spielt insbesondere im Ein- und Zweifamilienhausbereich die Trinkwassererwärmung eine entscheidende Rolle und bestimmt die Bemessungsleistung.

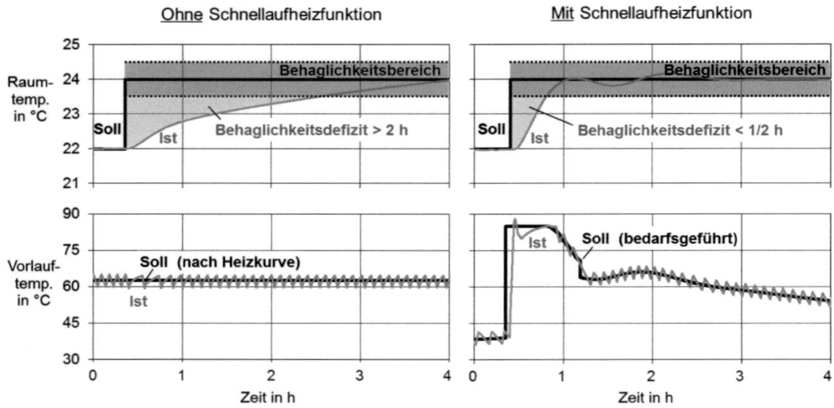

Abb. 2.13: Aufheizverhalten eines ausgewählten Raumes mit und ohne Schnellaufheizfunktion (Simulationsergebnis)

2.2.4 Sicherheitsfunktionen

Über die bedarfsgerechte Wärmebereitstellung hinaus kann eine Wärmeerzeugeransteuerung auch andere Funktionen übernehmen, bspw. die Sicherstellung der Mindestumlaufwassermenge kleinvolumiger Heizkessel. Solche Wärmeerzeuger finden v. a. in Form wandhängender Brennwertgeräte in Pumpenwarmwasserheizungen eine immer größere Verbreitung[12]. Diese Heizkessel haben in der Regel einen sehr kleinen Wasserinhalt (ca. 2...5 Liter), weshalb sie zum Schutz vor Überhitzung eine Mindestumlaufwassermenge in der typischen Größenordnung von 100...500 l/h benötigen.

Bei Einfamilienhäusern kann die erforderliche Mindestumlaufwassermenge je nach Gerätetyp näherungsweise in der Höhe des Auslegungsmassestromes oder auch darüber liegen. Zu ihrer Sicherstellung, insbesondere im Teillastbetrieb, sehen die meisten Hersteller ein Überströmventil vor (in Verbindung mit einer integrierten zentralen Pumpe). Wie bereits an anderer Stelle erwähnt, besteht eine Nebenwirkung des Überströmventiles darin, dass bei geringer Wärmeabnahme die wärmeerzeugerseitige Rücklauftemperatur durch Beimischen von Vorlaufmedium angehoben wird. Dies führt über die verminderte Abgaskondensation zu einer Verschlechterung des Brennwerteffektes.

Eine Substitution der Funktion des Überströmventils könnte die Brennwertnutzung verbessern. Diesbezüglich stellt für Systeme mit Informationsvernetzung die Implementierung einer Regelfunktion zur Diagnose und/oder Prognose der hydraulischen Verhältnisse im Heiznetz

12 Pressegrafiken des BDH (Bundesindustrieverband Deutschland Haus-, Energie- und Umwelttechnik e. V.) zufolge handelte es sich gegenwärtig bei ca. der Hälfte aller in Deutschland abgesetzten Wärmeerzeuger um wandhängende Gas-Brennwertgeräte. Im Ein- und Zweifamilienhausbereich beträgt ihr Anteil sogar 80...85 %.

einen denkbaren Lösungsansatz dar. Insbesondere für Systeme mit dezentralen Pumpen beinhaltet dies bei Vorhandensein einer hydraulischen Netzanalyse eine vielversprechende Verbesserungsmöglichkeit.

Als besondere Herausforderung bei der Realisierung einer entsprechenden Regelfunktion könnte sich die Anwendung für kleinere Gebäude mit zeitlich und/oder örtlich stark eingeschränkter Beheizung erweisen. Hier kann der kritische Fall einer Beheizung nur einzelner Räume über längere Zeit mit einem insgesamt sehr geringen Mediendurchsatz (unterhalb der Mindestfördermenge) auftreten.

2.2.5 Sonderfunktionen

Im Zusammenhang mit der zuvor erwähnten optimierten Einbindung von Wandgeräten stellt die Integration der Trinkwassererwärmung in ein Gesamt-Regelkonzept für dezentrale Pumpensysteme einen weiteren interessanten Gesichtspunkt dar. Auf die in Wandgeräten typischerweise enthaltene Umwälzpumpe kann beim Einsatz dezentraler Pumpen nicht ohne Weiteres verzichtet werden, da sie auch zur Trinkwassererwärmung verwendet wird. Im Bedarfsfall gibt ein Umschaltventil den Trinkwarmwasser-Kreis frei und die Pumpe arbeitet als Speicherladepumpe.

Durch die Implementierung einer Funktionalität zur Ansteuerung einer externen Ladepumpe könnte, unter der Voraussetzung einer gesicherten Mindestumlaufwassermenge, sowohl auf die geräteinterne Umwälzpumpe als auch das Umschaltventil verzichtet werden. Da Umschaltventile in der Regel einen recht großen Druckverlust verursachen, erscheint eine solche Lösung auch im Sinne der Minimierung des Antriebsenergiebedarfes erstrebenswert.

2.3 Wärmeübergabe im Raum

2.3.1 Raumtemperaturregelung

Ein großes Potential zur Komfortverbesserung und Energieeinsparung besitzt die Wärmeübergabe im Raum. Die in konventionellen Heizungsanlagen überwiegend eingesetzten Thermostatregelventile sind Proportional(P)-Regler ohne Hilfsenergie. Mathematisch lässt sich ein P-Regler wie folgt beschreiben:

$$y(\tau) = K_P \cdot x_w(\tau) \tag{2.16}$$

Beim P-Regler besteht in Form des konstanten Proportionalfaktors K_P ein fester Zusammenhang zwischen der Eingangsgröße (Regelabweichung x_w) und der Ausgangsgröße. Die Regelabweichung entspricht in dem Falle der Differenz aus Soll- und Ist-Raumtemperatur und die Ausgangsgröße dem Ventilhub. Ein P-Regler kann nur für einen definierten Betriebspunkt exakt eingestellt werden. Unter veränderten Betriebsbedingungen stellt sich eine Regelabweichung ein. Diese kann nicht ausgeregelt werden und wird daher als „bleibend" bezeichnet. Ein idealer Nutzer könnte diesen Effekt durch wiederholte Sollwertverstellungen kompensieren, was für die praktische Anwendung aber nicht realistisch ist.

In der Praxis werden die Einstellungen erfahrungsgemäß so vorgenommen, dass die Raumtemperatur tendenziell oberhalb der Solltemperatur liegt. Mehrere Sachverhalte sprechen dafür. Zum Einen reagieren die meisten Menschen auf zu niedrige Temperaturen empfindlicher als auf zu hohe. Einstellungen am Bedienteil von Thermostatregelventilen werden deshalb häufig zu einem Zeitpunkt vorgenommen, wenn die Raumtemperatur eher niedrig ist. Auf zu hohe Raumtemperaturen wird aufgrund der größeren Behaglichkeitstoleranz in Verbindung mit dem erforderlichen Bedienaufwand bzw. eingeschränkten Bedienmöglichkeiten (z. B. bei Abwesenheit) nicht im selben Maße reagiert.

Thermostatregelventile reagieren darüber hinaus sehr träge. Das schränkt die Ausnutzung von Wärmegewinnen mit hoher Dynamik stark ein. Der daraus resultierende Mehrverbrauch gegenüber flink regelnden Systemen wird teilweise durch ein verzögertes Reagieren auf höhere Wärmeverluste kompensiert. Dies führt jedoch zu einer Minderung des thermischen Komforts. Der Einsatz flink regelnder Thermostatregelventile ist möglich, führt aber nicht selten zu einem instabilen Regelverhalten.

Ein weiterer systematischer Fehler von Thermostatregelventilen resultiert aus der Wärmeleitung zwischen Heizmedium und Thermostatkopf. Sie führt dazu, dass sich je nach Höhe der Vorlauftemperatur ein mehr oder weniger großer Fehler bei der Erfassung der Raumtemperatur einstellt[13]. Wird der Sensor dagegen vom Heizkörper thermisch entkoppelt, z. B. durch Anordnung in einem Raumbediengerät (feste oder mobile Aufstellung), so entfällt der Einfluss des Heizmediums auf die Messung der Regelgröße Raumtemperatur. Bei elektronischer Raumtemperaturregelung ist dies gut zu realisieren. Auf dem Markt für Einzelraumregelsysteme

[13] Aus diesem Grund befindet sich auf den Thermostatregelventilen auch keine °C-Skala, sondern nur eine Strichteilung. In Abhängigkeit von der Außentemperatur (und damit von der Vorlauftemperatur) entsprechen die einzelnen Striche unterschiedlichen Soll-Raumtemperaturen.

sind bereits Raumbediengeräte erhältlich, welche vom Nutzer variabel aufgestellt werden können, vorzugsweise direkt in der Aufenthaltszone.

Mitunter werden für die Raumtemperaturregelung Zweipunktregler eingesetzt. Als Zweipunktregler kommen z. B. thermoelektrische Stellantriebe als Aufsätze für Thermostatventilunterteile zum Einsatz. Das Grundprinzip der Zweipunkt-Regelung besteht darin, die Regelgröße durch Ein- und Ausschalten der Stellgröße in Abhängigkeit einer definierten Schaltdifferenz um die Führungsgröße (Sollwert) schwingen zu lassen. Je nach Festlegung der Schaltgrenzen sowie der Trägheit von Regelstrecke und Messeinrichtung stellt sich eine mehr oder weniger große Regelabweichung ein.

Elektronische Regler bieten dagegen die Möglichkeit, ein Regelverfahren zu implementieren, welches präzise auf den Sollwert regelt. Dezentrale Pumpen können elektronisch geregelt werden. Das garantiert bei entsprechender Parametrierung eine stabile, flinke und präzise Raumtemperaturregelung.

Betrachtet man einen Raumtemperaturregelkreis hinsichtlich des Zeitverhaltens von Regelstrecke, Mess- und Regeleinrichtung, so lässt sich Folgendes feststellen[14]: Das Zeitverhalten einer Raumtemperaturregelstrecke kann als asymptotisch stabiles PTn-Glied (Proportionalverhalten mit Verzögerung n-ter Ordnung, Dämpfungsmaß $D \geq 1$) beschrieben werden. Zur Erfassung der Raumtemperatur kommen üblicherweise Widerstandstemperaturfühler zur Anwendung. Deren Zeitverhalten weist ebenfalls die Charakteristik eines asymptotisch stabilen PTn-Gliedes auf (siehe VDI/VDE 3522 [102]). Aufgrund von Messfehlern wird das Ausgangssignal zusätzlich mit einem „Rauschen" überlagert, was sich jedoch mit Hilfe von Filtertechniken weitestgehend eliminieren lässt. Es kommen dadurch jedoch weitere Verzögerungen in den Regelkreis, da eine Messwertfilterung in der Regel auf der Nachschaltung von Verzögerungsgliedern 1. Ordnung (PT1) beruht. Des Weiteren bringt ein digitaler Regler, je nach Dauer seiner Taktzeit, zusätzlich eine mehr oder weniger große Totzeit in die Regeleinrichtung hinein.

Unter diesen Umständen erscheint für die elektronische Raumtemperaturregelung der Einsatz eines Proportional-Integral-Reglers (kurz: PI-Regler) als sinnvolle Lösung. Er vereint die Vorteile von P-Regler (schnell) und I-Regler (präzise bzw. ausgleichend). Die Ausführung als PI-Regler ist bei marktgängigen elektronischen Einzelraumreglern weit verbreitet. Über den integrativen Anteil können Regelabweichungen vollständig ausgeglichen werden. Ein zusätzlicher Differential-Anteil (PID-Regler), welcher die Änderungsgeschwindigkeit der Regelabweichung bewertet, kann bei sehr anspruchsvollen Regelstrecken stabilisierend wirken. Aufgrund der hohen Trägheit der Raumtemperaturregelstrecke sind schnelle Änderungen der Regelabweichung entweder im Zusammenhang mit Messunsicherheiten zu erwarten, wobei der D-Anteil in diesem Falle zusätzliche Unruhe in den Regelkreis bringen würde (Gefahr eines instabilen Störverhaltens[15]). Eine schnelle Änderung der Regelabweichung tritt ansonsten nur im Zusammenhang mit Sollwertverstellungen auf. Aufgrund der Begrenztheit

[14] Ausführliche theoretische Betrachtungen zum thermischen Übertragungsverhalten in beheizten Räumen finden sich u. a. bei KNABE [66].

[15] Als Störverhalten wird die Reaktion der Regelgröße auf die Beeinflussung des Regelkreises durch Störgrößen bezeichnet.

des Ausgangssignales auf 0...100 % würde die Wirkung eines D-Anteiles bei Sollwertverstellungen aber nicht zum Tragen kommen. Eine Optimierung des Führungsverhaltens ist im Zusammenhang mit der Raumtemperaturregelung durch Integration eines D-Anteiles somit nicht zu erwarten[16].

Mathematisch lässt sich ein PI-Regler wie folgt beschreiben:

$$y(\tau) = K_P \cdot x_w(\tau) + \frac{K_P}{T_N} \cdot \int x_w(\tau) d\tau \qquad (2.17)$$

Als Parameter müssen einem PI-Regler der Proportionalfaktor K_P und die Nachstellzeit T_N übergeben werden. Um den PI-Algorithmus innerhalb einer digitalen Regelung einsetzen zu können, ist eine Umwandlung der zeitkontinuierlichen Gleichung 2.17 in eine zeitdiskrete Form notwendig. Das Ersetzen des Integrals durch eine Summe über alle Zeitschritte Δt ermöglicht dies. Die Gleichung zur Bestimmung des Regelsignales zu einem bestimmten Zeitpunkt t lautet damit:

$$y(t) = K_P \cdot x_w(t) + K_P \cdot \frac{\Delta t}{T_N} \cdot \sum_{\tau=0}^{t} x_w(t) = y_P(t) + y_I(t) \qquad (2.18)$$

Ein Nachteil des PI-Reglers besteht darin, dass unter bestimmten Voraussetzungen eine Regelabweichung erst mit großer Verzögerung zu einer Stellgrößenänderung führt. Hervorgerufen wird ein solches Verhalten durch die Wirkung des integrativen Anteiles. Der I-Anteil resultiert aus der fortlaufenden Integration der Regelabweichung über der Zeit. Dies ermöglicht das vollständige Ausregeln auf den Sollwert ohne bleibende Regelabweichung. Darin liegt der Vorzug des I-Anteiles. Gleichzeitig birgt diese Eigenschaft aber die Gefahr, dass nach größeren Regelabweichungen, die im ungünstigen Falle auch noch über einen längeren Zeitraum bestehen, der I-Anteil sehr schnell sehr hohe Werte annimmt, welche erst nach Erreichen des Sollwertes und u. U. auch noch relativ langsam wieder abgebaut werden. Man bezeichnet dies auch als „wind-up-Effekt". In der Folge kann es zu einem starken Überschwingen der Raumtemperatur über den Sollwert hinaus kommen, speziell im Zusammenhang mit Aufheizvorgängen nach vorangegangener Raumauskühlung.

Elektronische Regler können so optimiert werden, dass dieser aus Sicht von Energiebedarf und Behaglichkeit ungünstige Effekt vermieden wird. Eine Maximalwertbegrenzung des I-Anteiles (z. B. auf $\pm 100\%$) stellt einen ersten Ansatz dar, der sich in kritischen Anwendungsfällen aber womöglich als unzureichend erweist. Darüber hinaus besteht die Möglichkeit, mit Hilfe von Zusatzfunktionen den I-Anteil so zu manipulieren, dass er nur dann aktiv in die Regelung eingreift, wenn sich der Ist-Wert dem angestrebten Sollwert deutlich angenähert hat. Zur Ausregelung (noch verbliebener) geringer Regelabweichungen ist der I-Anteil dann wiederum von großem Nutzen.

Die elektronische Regelung ermöglicht des Weiteren die Umsetzung einer Reihe zusätzlicher Funktionalitäten. Zur Standardausstattung von Einzelraumregelsystemen gehört die

[16] Als Führungsverhalten wird die Reaktion der Regelgröße auf eine Veränderung der Führungsgröße (Sollwert) bezeichnet.

Umsetzung programmierbarer Zeitpläne der Soll-Raumtemperatur. Je nach Entwicklungs- und Vernetzungsgrad können weitere Optimierungs-, Diagnose- und Prognosefunktionen hinzukommen, welche einen bedarfsgerechten, energetisch effizienten und von hohem Nutzerkomfort geprägten Heizbetrieb (Behaglichkeit und Bedienung betreffend) zum Ziel haben. Hierzu zählen Funktionalitäten wie die Fensterlüftungserkennung, die Aufheizoptimierung und die Verbrauchserfassung. Die Wirkungsweise häufig eingesetzter Funktionalitäten soll nachfolgend erläutert werden.

2.3.2 Automatisierung des intermittierenden Betriebes - Zeitplanfunktion

Den größten Einfluss auf den Heizenergieverbrauch hat das Nutzerverhalten, wie bspw. von STADLER [93] und RICHTER U.A. [40] nachgewiesen wird. Je effizienter die Anlagentechnik und je besser der bauliche Wärmeschutz eines Gebäudes ist, um so mehr gewinnt dieser Einfluss an Bedeutung. Daher kann über die Schaffung von Anreizen für ein effizientes Nutzerverhalten der Heizenergieverbrauch deutlich gesenkt werden.

Verbrauchssenkende Maßnahmen, wie die Durchführung eines intermittierenden Heizbetriebes, werden vom Nutzer jedoch nur angewendet, wenn die entsprechenden Einstellungen einfach vorzunehmen sind und der thermische Komfort für die gesamte Dauer der Nutzungszeit sichergestellt ist. Dies ermöglicht eine sogenannte Zeitplan-Funktion, welche die vom Nutzer (einmal) vorzugebenden Einstellungen (wöchentliche Komfortzeiten und zugehörige Soll-Raumtemperaturen) auswertet und auf diese Weise den Sollwert der Raumtemperaturregelung bestimmt. Elektronische Regler ermöglichen die Implementierung einer solchen Funktionalität, mit deren Hilfe der Nutzer ohne regelmäßige Eingriffe am Bedienteil einen intermittierenden Heizbetrieb realisieren kann.

Insbesondere bei einer vorhandenen Informationsvernetzung können darüber hinaus zusätzlich Regelfunktionen integriert werden, welche den optimalen Anheiz- und Heiz-Ende-Zeitpunkt in Anpassung an die gewünschten Komfortzeiträume und -temperaturen selbsttätig bestimmen. Eine entsprechend vorausschauende Festlegung der Zeitpläne durch den Nutzer entfällt dadurch. Den sich tatsächlich einstellenden Anheiz- bzw. Abkühlzeiten kann ein Nutzer mit seinen (konstanten) Vorgaben unter den dynamischen Lastverhältnissen der Praxis ohnehin nur sehr begrenzt gerecht werden. Mit Hilfe einer Optimierungsfunktion lässt sich dagegen sicherstellen, dass die gewünschten Raumtemperaturen mit guter Näherung zu Beginn einer Komfortzeit erreicht werden und gleichzeitig die Dauer des Heizbetriebes auf den notwendigen Mindestzeitraum beschränkt bleibt. Sowohl ein verfrühter bzw. verspäteter Beginn der Aufheizung als auch eine Wärmezufuhr kurz vor Beginn der Absenkphase wird vermieden.

Die Automatisierung der Sollwertvorgaben für die Raumtemperaturregelung mit Hilfe einer Zeitplan-Funktion bildet die Voraussetzung für eine Anwendung derartiger Optimierungen. Nur anhand eines bekannten Sollwertverlaufes lässt sich der optimale Zeitpunkt zum Ein- und Ausschalten der Raumheizung vorausschauend bestimmen. Im Folgenden soll auf bekannte Lösungsansätze zur Realisierung einer Anheiz- und Heiz-Ende-Optimierung in vernetzten Einzelraumregelsystemen, wie solchen mit dezentralen Pumpen, eingegangen werden.

2.3.3 Anheiz- und Heiz-Ende-Optimierung

Optimierungsfunktionen für Heizungsregler sind keine Seltenheit mehr und werden heutzutage von den meisten größeren Anbietern der Branche bereitgestellt. Entscheidend für die tatsächliche Anwendung von Optimierungsfunktionen ist deren Tauglichkeit unter den Bedingungen der Praxis. In der praktischen Anwendung fehlen genaue Kenntnisse über das dynamische Verhalten eines Gebäudes (z. B. in Form von Zeitkonstanten). Diese Daten sind mit einem vertretbaren Aufwand auch nicht zu generieren. Optimierungsfunktionen sollten deshalb auf eine umfangreiche Parametrierung verzichten und sich möglichst flexibel an variable Bedingungen anpassen können.

Ansätze zur Realisierung von Optimierungsfunktionen unter diesen Gegebenheiten entwickelte bspw. LEIMGRUBER [74]. Die Grundlage bildet hierbei ein Gradientenverfahren. Aus Außentemperatur und Raumtemperatur wird ein mehr oder weniger stark gerastertes Feld aufgespannt, in welches die während stattgefundener Aufheiz- und Abkühlprozesse ermittelten Raumtemperaturgradienten bzw. deren Kehrwerte eingetragen werden. Anhand dessen können für spätere Aufheiz- oder Abkühlvorgänge die optimalen Startzeitpunkte abgeleitet werden. Der in Abhängigkeit von der aktuellen Raum- und Außentemperatur jeweils anzusetzende Raumtemperaturgradient wird dabei auf Basis der Gradientenmatrix mittels linearer Interpolation bestimmt.

Für die Aufheiz- und Abkühlvorgänge werden unterschiedliche Gradientenfelder angelegt und zwar für jeden Raum getrennt. Durch kontinuierliches Überprüfen, Ergänzen und Verbessern der Matrizen „lernt“ die Regelfunktion immer besser, den optimalen Zeitpunkt für das Anheizen oder Ausschalten der Raumheizung unter wechselnden Randbedingungen zu bestimmen. Sie passt sich sozusagen durch Auswertung vorangegangener Betriebssituationen fortlaufend den Erfordernissen an. Man nennt dies adaptive Regelung. Teilweise wird dabei auf den Zusammenhang zur Außentemperatur verzichtet, was den Einsatz einer solchen Optimierungsfunktion auch in unvernetzten Systemen (mit elektronischer Raumtemperaturregelung) möglich macht.

Den Angaben von LEIMGRUBER zufolge ist bei Anwendung des beschriebenen Verfahrens für die Raumtemperatur eine sogenannte Mischtemperatur anzusetzen, die sich anteilig aus der Strahlungstemperatur der Raumumschließungsflächen und der Lufttemperatur zusammensetzt und dadurch indirekt das Speicherverhalten der Wände mit berücksichtigt. LEIMGRUBER schlägt eine Aufteilung von 80 % Wand- und 20 % Lufttemperatur vor. Das bedeutet, die Wandtemperatur erhält eine wesentlich größere Wichtung. Den Hintergrund dafür bildet die Tatsache, dass bei ein und derselben Raumluft- und Außentemperatur zu Beginn eines Aufheizens, aufgrund unterschiedlicher Wandtemperaturen, bei gleicher zugeführter Aufheizleistung (z. B. Vorlauftemperatur nach Heizkurve) voneinander stark abweichende Aufheizzeiträume erforderlich sein können. Gleiches gilt für die Raumauskühlung nach Abschaltung der Wärmezufuhr.

Als erläuterndes Beispiel sei diesbezüglich der Fall einer kürzeren Heizunterbrechungsphase mit verstärkter Fensterlüftung dem einer längeren Heizunterbrechungsphase mit minimalem Außenluftwechsel gegenübergestellt. In beiden Fällen herrscht zum Ende der Heizunterbrechung annähernd die gleiche Raumlufttemperatur. Die Temperatur der Umschließungsflächen weicht jedoch stark voneinander ab. Dies bewirkt im zweiten Fall bei gleichem Heizleistungsangebot eine deutlich längere Aufheizzeit, da die Wände in größerem Maße wieder mit aufgeheizt werden müssen, was auch eine notwendige Voraussetzung für das Erreichen thermisch behaglicher Raumzustände ist. Der Anheizzeitpunkt müsste dementsprechend weit vorverlegt werden. Solche Effekte könnten bei Vernachlässigung der Wandtemperaturen innerhalb des Optimierungsverfahrens keine Berücksichtigung finden.

Die in der Praxis eingesetzten Raumtemperaturfühler messen (trotz Strahlungsschutz) eine Temperatur im Bereich zwischen Luft- und innerer Oberflächentemperatur. Die genaue Aufteilung ist nicht zu ermitteln. Eine optimale Anpassung auf die Anwendung innerhalb eines solchen Optimierungsverfahrens ist damit schwer möglich. Andererseits zeigen Tests auf der Basis numerischer Simulationen bei Verwendung des Verfahrens nach LEIMGRUBER gute Ergebnisse auch bei Annahme einer Mischtemperatur, welche sich jeweils zur Hälfte aus Luft- und Strahlungstemperatur der Umschließungsflächen zusammensetzt [69].

Ein einfacheres adaptives Gradienten-Verfahren zur Anheiz-Optimierung stellt KRAFT in [70] vor. Der Einfluss der Außen- und Raumtemperatur auf den Temperaturgradienten beim Aufheizen wird dabei nicht berücksichtigt. Auf diese Weise wird für jeden Raum (anstelle einer Gradientenmatrix) nur ein einziger Aufheizfaktor angelernt. Ein anderes von ihm vorgeschlagenes Verfahren beruht auf der Adaption einer Aufheiz-Raumzeitkonstanten (PT1-Modell) anstelle eines linearen Aufheizgradienten.

Abb. 2.14 verdeutlicht das grundsätzliche Wirkprinzip einer Anheiz-Optimierung unter der zusätzlichen Annahme einer vorhandenen Möglichkeit zum Schnellaufheizen. Bei dem dargestellten Aufheizvorgang entspricht die Soll-Raumtemperatur zu Beginn der Nutzungszeit dem Zielwert der Anheizoptimierung. Mitunter wird hierfür ein abgesenkter Zielwert verwendet. Dies stellt einen Versuch dar, unter Ausnutzung eines für den Nutzer akzeptablen Toleranzbereiches der Raumtemperatur die Absenkphasen weitestmöglich auszudehnen.

Abb. 2.15 veranschaulicht, wie ausgehend von einer tolerierten Raumtemperaturabsenkung von 0,5 K (zum Ende der Nutzungszeit) das Heiz-Ende adaptiv vorverlegt werden kann. Eine geringfügige Unterschreitung der Soll-Raumtemperatur zu Beginn und Ende einer Nutzungszeit wird bspw. von KNABE in [66] als Maßnahme zur Senkung des Energieverbrauches erwähnt. KNORR weist in [69] auf der Basis umfangreicher numerischer Untersuchungen zur intermittierenden Betriebsweise nach, dass bei Verwendung von Optimierungsfunktionen für das Anheizen und Heiz-Ende unter Vorgabe einer zulässigen Abweichung von 0,5 K die wärmephysiologischen Konsequenzen für den Nutzer über die gesamte Heizperiode gering sind.

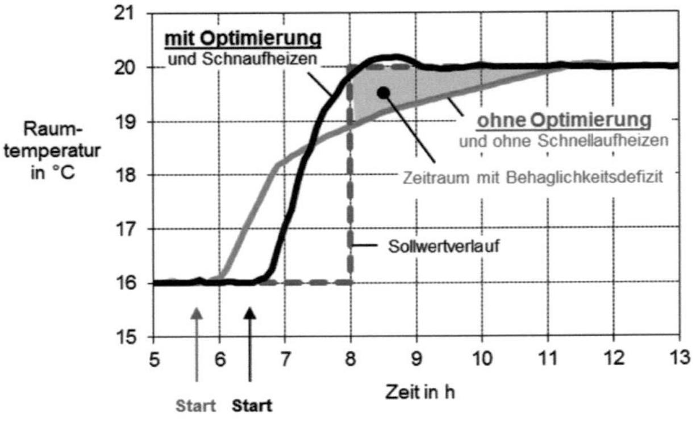

Abb. 2.14: Wirkprinzip einer adaptiven Bestimmung des optimalen Anheizzeitpunktes

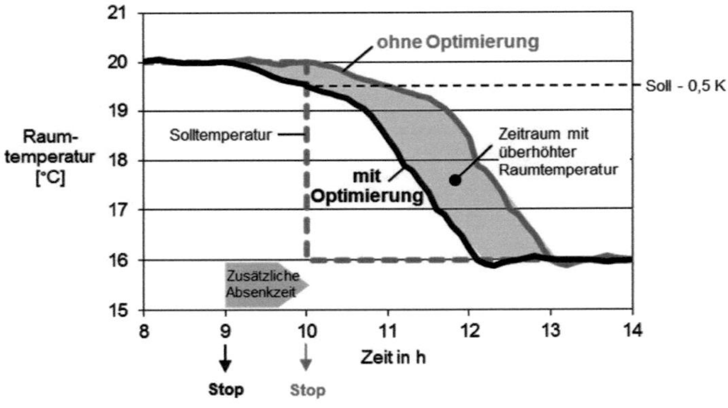

Abb. 2.15: Wirkprinzip einer adaptiven Vorverlegung des Heiz-Endes

2.3.4 Diagnosefunktionen

Mit Hilfe von Diagnoseverfahren können Fehlfunktionen und ungünstige Betriebszustände detektiert werden. Bei konventionellen Heizungsanlagen werden die tatsächlichen Ursachen von Fehlfunktionen oft nicht erkannt. So können beispielsweise Differenzen zwischen projektierten und sich tatsächlich einstellenden Massestromverteilungen nur mit außerordentlich hohem Aufwand ermittelt werden. Fehlfunktionen, die zu einer Über- oder Unterversorgung führen, sind bei Eintreffen des Servicepersonals oft nicht mehr nachvollziehbar und werden dann häufig durch ein Anheben der Vorlauftemperatur oder des Pumpendruckes kompensiert.

Vernetzte Einzelraumregelsysteme bieten gute Voraussetzungen zur Integration von Diagnosefunktionen. Das Vorhandensein eines entsprechenden Messwerterfassungssystems bildet die Grundlage für die Anwendbarkeit solcher Funktionalitäten. Insbesondere für dezentrale Pumpen könnten geeignete Messdaten (z. B. Motorsensortemperatur, elektrische Leistungsaufnahme, Drehzahlverhältnis usw.) bei minimalem technischen Aufwand leicht zu gewinnen sein.

2.3.4.1 Fensterlüftungserkennung

In hochwärmegedämmten Gebäuden erreichen die Lüftungswärmeverluste nicht selten die Höhe der Transmissionswärmeverluste oder übersteigen diese sogar. Dabei spielen mit abnehmender Luftdurchlässigkeit der Gebäudehülle die Fensteröffnungszeiten eine immer größere Rolle. Lüftungswärmeverluste sind daher stark vom Nutzerverhalten geprägt, trotz der zunehmenden Verbreitung raumlufttechnischer Anlagen[17]. Hier gilt es, einerseits den Nutzer zu einer sparsamen und effektiven Fensterlüftung zu motivieren (z. B. durch Wissensvermittlung oder Verbrauchsanzeige). Auf der anderen Seite sollte der durch Fensterlüftung zu verursachende Heizwärmebedarf minimal gehalten werden.

Der Einsatz elektronischer Raumtemperaturregler ermöglicht dies bei Implementierung geeigneter Regelstrategien. Mit Hilfe einer Lüftungserkennung kann die Wärmezufuhr an den Heizkörper unterbrochen werden. Allein durch den damit verbundenen Raumtemperaturabfall wird der Nutzer, insbesondere bei tiefen Außentemperaturen, nach einer gewissen Zeit zum Schließen des Fensters angeregt. Theoretisch ist die Heizunterbrechung bei Fensterlüftung auch mit thermostatischen Heizkörperventilen durch Verstellen des Sollwertes am Bedienteil zu realisieren, erfordert aber den wiederholten Eingriff des Nutzers. Felduntersuchungen (bspw. im Rahmen des EnSan-Projektes [39]) haben diesbezüglich ergeben, dass die wenigsten Nutzer ihre Thermostatregelventile schließen oder niedriger einstellen, während sie lüften. Das betrifft vor allem das Dauerlüften mit gekippten Fenstern.

Eine automatische Unterbrechung der Wärmezufuhr bei geöffnetem Fenster setzt das Erkennen desselben voraus. Zur Bewältigung dieser Aufgabe sind hardwareseitige ebenso wie softwareseitige Lösungen denkbar. Eine hardwareseitige Möglichkeit besteht in der Installation und Auswertung eines Schaltkontaktes am Fenster. Ein Vorteil dieser Variante stellt die Unabhängigkeit der Qualität der Lüftungserkennung von äußeren Bedingungen (Außentemperatur) und der Messwerterfassung (Sensoranordnung und -trägheit) dar. Softwareseitige Lösungen bedürfen demgegenüber keines zusätzlichen gerätetechnischen und personellen Aufwandes zur Installation der Fensterkontakte. Sie beruhen in der Regel auf einem Algorithmus zum Erkennen des für einen Lüftungsvorgang typischen Raumtemperaturverlaufes (siehe Abb. 2.16). Signifikante Raumtemperaturverläufe stellen sich am zuverlässigsten bei niedrigen Außentemperaturen ein[18].

[17] Felduntersuchungen von OHL U.A. [86] und im Rahmen des EnSan-Projektes [39] belegen, dass in Gebäuden mit einem Wärmeschutzniveau nach WSchVO'95 und besser die Bewohner auch bei Vorhandensein einer maschinellen Lüftung ein großes Bedürfnis haben, die Fenster zu öffnen.

[18] Entsprechende Felduntersuchungen und Labormessungen kommen zu dem Ergebnis, dass die Lüftungserkennung auf Basis der Auswertung des Raumtemperaturgradienten unterhalb einer Außentemperatur

Der Verlauf der Raumtemperatur während eines Lüftungsvorganges bildet sich in der Regel so aus, dass nach dem Öffnen des Fensters die Raumlufttemperatur infolge des Kaltlufteinfalls deutlich absinkt. Nach dem Schließen des Fensters steigt sie auch bei ausgeschalteter Heizung aufgrund des Wärmestromes von den nicht oder nur wenig ausgekühlten Raumumschließungsflächen an die Raumluft zunächst an. Die Bewertung des Raumtemperaturverlaufes im Hinblick auf die Aus- bzw. Wiedereinschaltung der Raumheizung geschieht auf der Grundlage vorzugebender maximaler bzw. minimaler Raumtemperaturgradienten. Abb. 2.16 verdeutlicht das Prinzip.

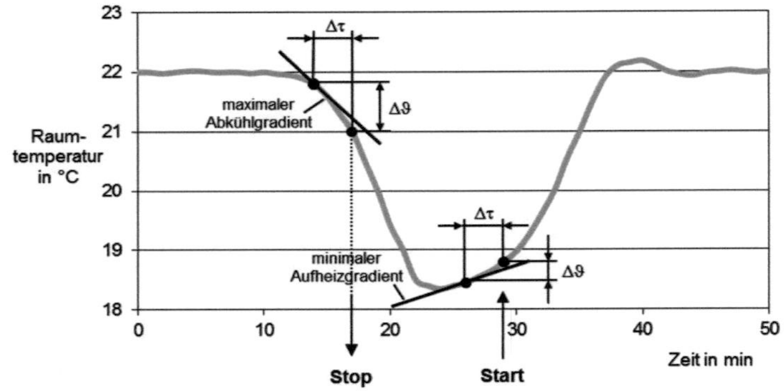

Abb. 2.16: Lüftungserkennung durch Auswertung des typischen Raumtemperaturverlaufes während eines Lüftungsvorganges (Simulationsergebnis)

Für Lüftungsvorgänge, bei denen die Raumumschließungsflächen stärker auskühlen oder bereits ausgekühlt sind (z. B. aufgrund einer vorangegangenen nächtlichen Abschaltphase), ist zusätzlich ein Zeitkriterium zur Wiedereinschaltung der Raumheizung erforderlich, da nach Beendigung des Lüftungsvorganges unter Umständen nicht ausreichend Wärme von den Wänden an die Raumluft abgegeben werden kann, um einen sicher zu detektierenden Raumtemperaturanstieg zu bewirken. Das Prinzip der Wiedereinschaltung nach einem erkennbaren Raumtemperaturanstieg würde in einer solchen Situation versagen. Marktgängige elektronische Raumtemperaturregler, welche eine Lüftungserkennung anbieten, greifen daher zur Wiedereinschaltung der Raumheizung parallel zur Temperaturüberwachung auf eine Zeitsteuerung zurück. Dies ist an der Stelle auch aus Gründen des Frostschutzes erforderlich.

von 2,5 °C genauso gut funktioniert wie ein Fensterkontakt und im Bereich bis 8...9 °C als recht zuverlässig angesehen werden kann [18]. Für hochwärmegedämmte Gebäude mit einer Heizgrenze in der Größenordnung von 10 °C (vgl. DIN V 4108-6 [31]) betrifft das folglich nahezu die gesamte Heizzeit.

2.3.4.2 Informationsrückkopplung zum Nutzer (Feedback-Systeme)

Ein weiterer sinnvoller Anwendungsfall für Diagnosefunktionen stellt die informationstechnische Rückkopplung vom System zum Nutzer dar. Man bezeichnet so etwas auch als „feedback-System“. Durch eine geeignete Darstellung von Informationen, bspw. zu Energie- und Wasserverbrauch, Lüftungsverhalten, Raumluftzuständen und Außenklima, kann der Nutzer zu einem sparsamen, gleichwohl behaglichen und bauklimatisch wie hygienisch unbedenklichen Verhalten motiviert bzw. im Lernprozess unterstützt werden.

Ein an der FH Karlsruhe programmiertes Softwaretool zur Visualisierung raumklimarelevanter Daten [39] beinhaltet diesbezüglich interessante Ansätze. Einer davon besteht in der direkten Bewertung des Nutzerverhaltens mit Hilfe von Symbolen („smileys“) sowie konkreten Handlungsaufforderungen im Falle ungünstiger Betriebssituationen (z. B. „Zu hohe Raumluftfeuchte - bitte öffnen Sie die Zuluftöffnungsklappe“ oder „Zu hohe Raumtemperatur - korrigieren Sie bitte Ihre Einstellungen - wir empfehlen 21 °C“ oder „Bitte schließen Sie die Fenster und öffnen Sie die Zuluftöffnungsklappe“). Messtechnische Untersuchungen zur Wirksamkeit dieses Feedback-Systems belegen, dass es sowohl in Bezug auf das Raumklima als auch den Energieverbrauch zu einem günstigeren Nutzerverhalten führt, wobei der Verständlichkeit und Einfachheit in der Handhabung eine entscheidende Bedeutung zukommt[19].

2.3.4.3 Erfassung von Verbrauchsäquivalenten / Heizkostenverteilung

Die verbrauchsabhängige Abrechnung der Kosten für Heizung und Trinkwassererwärmung ist mit der Heizkostenverordnung (HeizkostenV [7]) seit 1981 in Deutschland vorgeschrieben. Die Heizkostenverordnung stellt eine Maßnahme zur Energieeinsparung in Gebäuden durch Beeinflussung des Nutzerverhaltens dar und wurde von der Bundesregierung auf der Grundlage des Energieeinsparungsgesetzes (EnEG [2]) erlassen.

Das EnEG fordert u. a. die Wirtschaftlichkeit verordneter Energiesparmaßnahmen. Sehr gut wärmegedämmte Gebäude (mit einem Jahresheizwärmebedarf kleiner 15 $kWh/(m^2a)$: Passiv- und Null-Energie-Häuser) sind infolgedessen seit 2009 in Bezug auf die Raumheizung von der Verbrauchserfassungspflicht ausgenommen, da hier die zu erwartenden, eher geringen Energiekosteneinsparungen die Kosten zur Verbrauchserfassung in der Regel nicht abdecken. Zu diesem Ergebnis kommt bspw. OSCHATZ auf der Grundlage umfangreicher Betrachtungen zur Problematik der Wirtschaftlichkeit einer verbrauchsabhängigen Heizkostenabrechnung in hochwärmegedämmten Gebäuden [83] (siehe Abb. 2.17).

Mit der Novellierung der Energieeinsparverordnung im Jahr 2009 wird für neu zu errichtende oder umfangreich zu sanierende Gebäude ein baulicher Wärmeschutz vorgeschrieben, der zu einem Jahresheizwärmebedarf in der Größenordnung von 30 $kWh/(m^2a)$ („3-Liter-Haus“) führt. Auch wenn der Anteil hochwärmegedämmter Gebäude in Deutschland gegenwärtig im

[19] Die im Rahmen des EnSan-Forschungsprojektes [39] untersuchten Wohnungen ohne Feedback-System waren eher zu warm, bei unterlassener Belüftung aufgrund stets geschlossener Zuluftöffnungsklappen oftmals zu feucht bzw. wiesen wegen langanhaltend gekippter Fenster zu hohe Energieverbräuche auf.

Verhältnis zum Gesamtbestand noch recht gering ist, so wird doch deutlich, dass sich die Erfassung der Heizwärmeverbräuche als Energiesparmaßnahme zunehmend unwirtschaftlich darstellt. Um das diesbezüglich bestehende Einsparpotential dennoch ausnutzen zu können, bedarf es kostengünstigerer Möglichkeiten zur Verbrauchserfassung und/oder wirksamerer Arten der Nutzerbeeinflussung. So kann bspw. eine übersichtliche und nachvollziehbare Darstellung des Heizenergieverbrauches die Motivation des Nutzers zum Erlernen und Anwenden eines energiesparenden Verhaltens stärken (s. o.). Auf der anderen Seite lassen sich die Kosten der Verbrauchserfassung durch Minimierung des Aufwandes zur Installation, Wartung und Datenerfassung reduzieren.

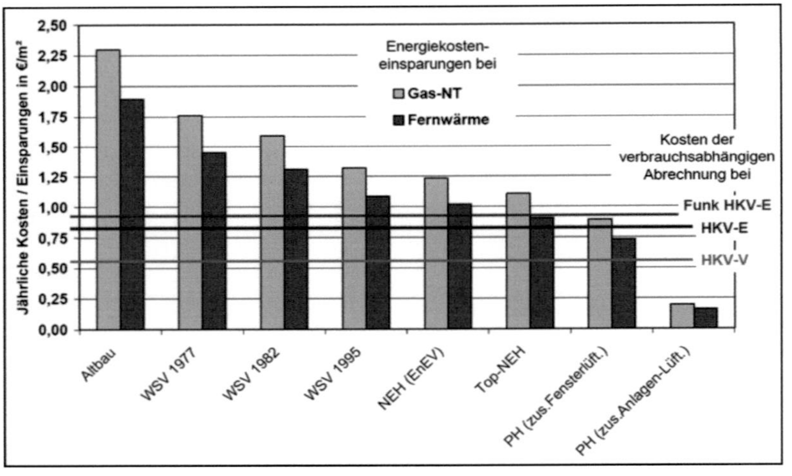

Abb. 2.17: Kosten der verbrauchsabhängigen Heizkostenabrechnung im Vergleich zu den Energiekosteneinsparungen in Abhängigkeit vom baulichen Wärmeschutz nach OSCHATZ [83]

In der Praxis hat sich im Bereich des Mietwohnungsbaus die Verbrauchserfassung und -abrechnung auf der Basis von Heizkostenverteilern durchgesetzt (mit / ohne Hilfsenergie, mit / ohne Funkvernetzung). Die Heizkostenverteilung beruht auf der Erfassung der luftseitigen Wärmeabgabe an der Heizfläche. Dabei macht man sich die bekannte Abhängigkeit der Wärmeabgabe von der Übertemperatur des Heizwassers gegenüber dem Raum zu Nutze (Glg. 2.19).

$$Q_{HK} = \dot{Q}_{HK,N} \int \left(\frac{\Delta\vartheta_m}{\Delta\vartheta_{m,N}} \right)^{1+n} d\tau \tag{2.19}$$

Mit Hilfe zweier Sensoren werden repräsentative Temperaturen von Heizkörper und Raumluft erfasst[20]. Die Differenz beider Temperaturen gilt als Maß für die mittlere Übertempera-

[20] Bei sogenannten Ein-Fühler-Geräten wird nur die Heizkörpertemperatur erfasst. Die Raumlufttemperatur wird angenommen, z. B. zu 20°C.

tur $\Delta\vartheta_m$ und somit auch für die Wärmeabgabe des Heizkörpers. Für die rechnerische Ermittlung der Wärmeabgabe muss jedoch auch die Nennleistung der Heizfläche unter definierten Temperaturverhältnissen (Nennübertemperatur) bekannt sein. Darüber hinaus spielt auch die Bauart eine Rolle, da sie den thermischen Kontakt zwischen Heizkörper und Heizkostenverteiler beeinflusst. Beispielsweise bei Guss-Gliederheizkörpern ist die erfasste Oberflächentemperatur infolge der rauheren Oberfläche und größeren Materialstärke systematisch niedriger als bei Plattenheizkörpern und würde zu niedrigeren Verbrauchswerten führen. Eine Korrektur für die thermische Ankopplung in Abhängigkeit der Bauart ist daher erforderlich.

Die Heizkostenverteilung (ohne Funkanbindung) stellt eine kostengünstige Lösung dar, um den Forderungen der Heizkostenverordnung gerecht zu werden. Sie weist jedoch systembedingt entscheidende Nachteile auf. Neben der Notwendigkeit zu Eingabe von Heizflächenkennwerten ist hier vor allem die fehlende Eignung für ein komfortables und zielführendes „Energiemonitoring“ zu nennen. Die Anzeigewerte von Heizkostenverteilern stellen nur Richtwerte dar. Ein direkter Rückschluss auf den tatsächlichen aktuellen Verbrauch ist nur unter Auswertung der Zählerstände aller zur Abrechnungseinheit gehörenden Verbraucher bzw. Heizkörper möglich. Diese Option besteht für den Einzelnen in der Regel nicht.

Die Entwicklung von elektronischen Heizkostenverteilern mit Funkschnittstelle, welche die zyklische Übertragung von Daten an eine zentrale Auswerteeinheit ermöglichen, stellt einen ersten Ansatz zur Optimierung der Verbrauchserfassung und -abrechnung dar. Das Ablesen der Verbrauchswerte kann dadurch an zentraler Stelle (ohne Betreten der Nutzeinheiten) erfolgen, was für Wohnungsgenossenschaften u. ä. ein wichtiges Argument ist. Aufgrund der verhältnismäßig hohen Investitionskosten für die Schaffung einer entsprechenden Kommunikationsstruktur kommen solche Systeme bislang jedoch eher selten zur Anwendung.

Vernetzte elektronische Einzelraumregelsysteme bieten gute Voraussetzungen zur Integration einer Erfassung und zentralen Auswertung von Verbrauchsdaten sowie zur Realisierung einer geeigneten Informationsrückkopplung zum Nutzer. Auf dem Markt sind bereits seit Jahren zentrale Einzelraumregelsysteme mit automatischer Verbrauchsdatenerfassung verfügbar. Für dezentrale Pumpen sind darüber hinaus erweiterte Möglichkeiten zur Implementierung einer Heizkostenverteilung nach dem Prinzip der Wärmemengenzählung denkbar, wenn sich über die elektrische Leistungsaufnahme und das Drehzahlverhältnis ein hinreichend genauer Zusammenhang zur Fördermenge herstellen lässt. Bei der Wärmemengenzählung wird der Wärmeverbrauch auf der Grundlage einer kalorischen Bilanz am Heizkörper ermittelt (Glg. 2.20).

$$Q_{HK} = \int \dot{m}_{HK} \cdot c_p \cdot (\vartheta_V - \vartheta_R)\, d\tau \tag{2.20}$$

Auf diese Weise könnte auch ohne Kenntnis der einzelnen Heizflächenkennwerte (Bauart, Bemessungsleistung) und unabhängig vom Gesamtverbrauch der Abrechnungseinheit auf die Wärmeabgabe einer Heizfläche geschlossen werden.

2.4 Informationsvernetzung

Die Komponenten eines zentralen Einzelraumregelsystems werden in der Regel über ein Bussystem miteinander vernetzt. Dies ermöglicht den Informationsaustausch und die Interaktion, darüber hinaus die Spannungsversorgung, ein zentrales Management, die Integration von Fernwirkdiensten, die Einbindung in Gebäudeleitsysteme oder auch die Ankopplung von Standard-Komponenten über Mini-Gateways. Dezentrale Pumpen benötigen eine Spannungsversorgung. Diese könnte auf vorteilhafte Weise mit dem Aufbau einer Kommunikationsstruktur verknüpft werden. Abb. 2.18 verdeutlicht das Prinzip.

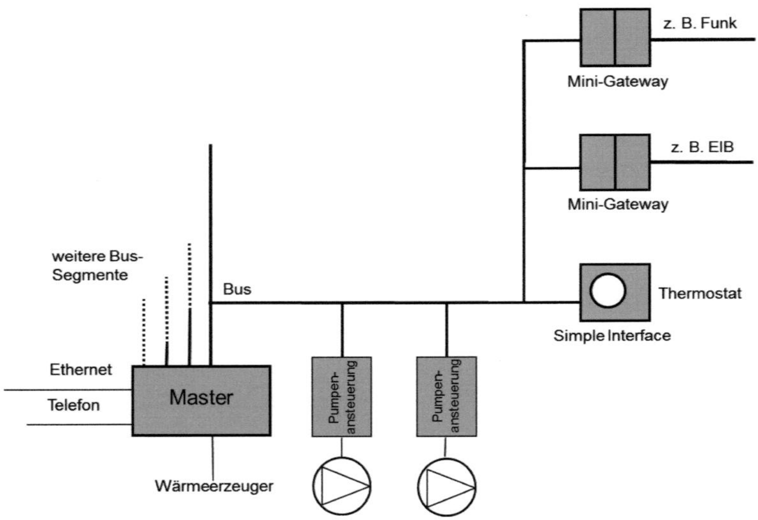

Abb. 2.18: Grundprinzip der Informationsvernetzung im dezentralen Pumpensystem

Die drahtgebundene Komponentenvernetzung eignet sich vor allem für Installationen im Neubau oder bei umfangreichen Modernisierungsmaßnahmen, da hier eine Verkabelung zumeist problemlos und ohne größeren Aufwand möglich ist. Für andere Einsatzgebiete gibt es verschiedene Alternativen, wie im Weiteren erläutert wird. Die drahtgebundene Vernetzung besitzt den Vorteil, dass es sich um ein abgeschlossenes Medium handelt. Dadurch können Nachbarinstallationen nicht stören und Telegramme das System nicht verlassen. Zudem kann die Reichweite des Systems durch Vorgabe der maximalen Kabellänge leicht definiert werden.

Eine Alternative zum Bussystem besteht beispielsweise in der Verwendung des in allen Gebäuden ohnehin vorhandenen Stromnetzes für den Datentransport. Man bezeichnet dies als „power line"-Technologie. Eine zusätzliche Busleitung wird in dem Fall nicht benötigt.

Besonders für Nachrüstungen im Altbau beinhaltet dies einen interessanten Lösungsansatz.

Nachteilig wirken sich bei der „power line"-Technologie Störungen im Datenverkehr aus, welche durch angeschlossene Geräte hervorgerufen werden können (v. a. Schaltnetzteile, Elektromotoren, Dimmer). Zudem erschweren strenge Reglementierungen bezüglich des Frequenzbereiches und der maximal zulässigen Sendeleistungen die Nutzung.

Als drahtlose Variante steht die funkgesteuerte Kommunikation zur Verfügung. Diese Technik eignet sich besonders für Anwendungsfälle, bei denen eine leitungsgebundene Datenübertragung nicht möglich oder erwünscht ist. Bei Verwendung dezentraler Pumpen wäre zu berücksichtigen, ob deren Leistungscharakteristik einen netzunabhängigen Betrieb (z. B. über Batterien) zulässt. Eine Funkverbindung zwischen Raumbediengerät und dezentraler Pumpe kann unabhängig davon eine sinnvolle und praktikable Lösung darstellen. Funkgeräte können beliebig im Raum positioniert werden, vorzugsweise in der Aufenthaltszone. Angemerkt sei an dieser Stelle, dass Bestrebungen und erste Erfolge zur Entwicklung einer batterielosen Funktechnik existieren (z. B. von der Firma EnOcean[21]).

Tabelle 2.1: Bewertung verschiedener Vernetzungstechnologien nach MICHELS [78], (+)...positiv, (-)...negativ, (o)...neutral

Kriterium	Klassische Vernetzung	Nutzung des 230V-Netzes	Funk-technologie
Montageaufwand	-	o	+
Einsatz im Neubau	+	o	o
Einsatz im Bestand	-	+	+
Kosten für Geräte + Montage	-	o	+
Standardschnittstellen	+	+	-
Verfügbarkeit von standardisierten Geräten	+	o	-

Ein Problem stellt die Offenheit von Funk als Kommunikationsmedium dar. Die Gefahr der Manipulation von außen ist erhöht, eine Codierung zum Schutz vor Beeinflussung durch andere Funksysteme daher unerlässlich. Ein weiterer Nachteil besteht in der begrenzten Reichweite von Funkverbindungen und den zum Schutz der Gesundheit auferlegten gesetzlichen Beschränkungen in Bezug auf Sendefrequenz, -häufigkeit und -leistung. Tabelle 2.1 gibt einen Überblick über wesentliche Vor- und Nachteile der verschiedenen Vernetzungstechnologien.

21 www.enocean.com

2.5 Gesamt-Regelkonzept

An der TU Dresden wurde ein Gesamt-Regelkonzept für Systeme mit dezentralen Pumpen entwickelt, welches u. a. Regel- und Optimierungsfunktionen enthält für

- eine flinke und präzise Raumtemperaturregelung,
- erweiterte Möglichkeiten eines intermittierenden Heizbetriebes,
- einen integrierten hydraulischen Abgleich,
- einen erweiterten Gebäude- und Anlagenschutz (vor zu niedrigen oder zu hohen Systemtemperaturen),
- eine bedarfsgeführte Wärmebereitstellung (Soll-Vorlauftemperaturregelung),
- die Möglichkeit zur Schnellaufheizung,
- die Diagnose von Fensterlüftungsvorgängen mit anschließender Heizunterbrechung,
- die raumweise Ermittlung des optimalen Anheiz- und Abschaltzeitpunktes und
- die Temperierung von Heizflächen unabhängig vom Raumwärmebedarf.

Der Funktionsumfang von Systemen mit vernetzten dezentralen Pumpen ist im Wesentlichen vergleichbar zu demjenigen zentraler Einzelraumregelsysteme namhafter Hersteller auf dem Markt. In der Umsetzung einzelner Funktionalitäten bestehen jedoch zwischen den verschiedenen Produkten zum Teil erhebliche Unterschiede. In Systemen mit dezentralen Pumpen ermöglichen die besonderen hydraulischen Eigenschaften mitunter vorteilhaftere bzw. gänzlich neue Lösungsansätze. Dies betrifft beispielsweise den hydraulischen Abgleich oder die Bereitstellung von Leistungsreserven für Aufheizvorgänge.

Ein Gesamt-Regelkonzept hat an erster Stelle die Aufgabe, den sicheren Betrieb und die dauerhafte Funktionstüchtigkeit einer Anlage zu gewährleisten, beides im Sinne der maßgebenden Verordnungen und technischen Regelwerke. Darüber hinaus stellen, neben der Verbesserung des thermischen und Bedienkomforts, vor allem die Einsparung von Heiz- und Antriebsenergie sowie die Beseitigung von Praxisproblemen weitere wesentliche Aufgaben bzw. Ziele dar. Ausführliche Betrachtungen zu den Möglichkeiten von Systemen mit dezentralen Pumpen in Bezug auf Komfortverbesserungen und die Lösung von Problemen der heizungstechnischen Praxis sind bereits Gegenstand eines Forschungsberichtes der TU Dresden [9].

2.6 Energieeinsparung

Der energetische Einspareffekt stellt ein wesentliches Kriterium dar, um hochentwickelte Technik dauerhaft auf dem Markt platzieren zu können. Schließlich genießt beim Anwender, neben dem thermischen und Bedienkomfort, die Wirtschaftlichkeit und zunehmend auch die Umweltverträglichkeit höchste Priorität. Die Wirtschaftlichkeit moderner Heiztechnik bemisst sich maßgeblich an den mit ihrer Hilfe erreichbaren Verbrauchskosteneinsparungen. Die Umweltverträglichkeit steht ebenfalls in enger Verbindung zum erforderlichen Bedarf an Heiz- und Elektroenergie.

Bei einem Heizsystem mit dezentralen Pumpen eröffnen sich theoretisch vielfältige Möglichkeiten zur Einsparung von Heiz- und Antriebsenergie. Abb. 2.19 gibt einen ersten Überblick. Einige Einspareffekte resultieren allein aus der Realisierung des grundsätzlichen (hydraulischen) Konzeptes. Andere Einsparpotentiale erfordern einen zusätzlichen Aufwand, z.B. eine Informationsvernetzung und die Implementierung intelligenter Regel- und Steuerungsalgorithmen. Einzelne Energieeinsparungen erschließen sich aus der Wechselwirkung unterschiedlicher Effekte und erfordern daher eine ganzheitliche Betrachtung.

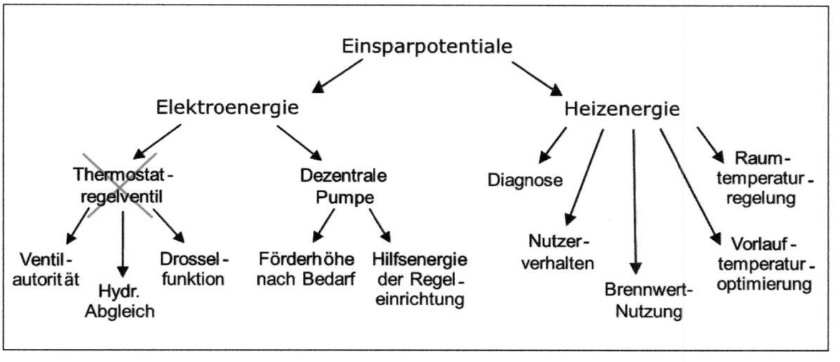

Abb. 2.19: Möglichkeiten zur Einsparung von Heiz- und Antriebsenergie durch den Einsatz vernetzter dezentraler Pumpen

2.6.1 Einsparung von Antriebsenergie

In Systemen mit dezentralen Pumpen bestehen aufgrund der bereits beschriebenen hydraulischen Besonderheiten (weitestgehend drosselfreie Systeme) gegenüber herkömmlichen (ventilgebundenen) Systemen mit und ohne Einzelraumregelung erweiterte Möglichkeiten zur Einsparung von Antriebsenergie. Die dezentralen Pumpen kompensieren im Betrieb nur die für den Transport des Heizmediums erforderliche Druckdifferenz. Zusätzliche Druckverluste, welche in Heizungsanlagen mit zentraler Pumpe durch Einrichtungen zur Regelung der raumweisen Wärmeabgabe und zur Gewährleistung des hydraulischen Abgleichs entstehen (vgl. Abschnitt 2.1), treten hier nicht auf. Des Weiteren sind dezentrale Pumpen, im Gegensatz zu zentralen Pumpen, auch ohne Informationsvernetzung nur dann in Betrieb, wenn tatsächlich ein raumseitiger Wärmebedarf besteht. Der theoretisch benötigte Elektroenergiebedarf verringert sich aus den genannten Gründen im Vergleich zu herkömmlichen Heizsystemen erheblich, wobei moderne zentrale Umwälzpumpen ihre elektrische Leistungsaufnahme im Teillastbetrieb teilweise schon bis auf 5 W reduzieren können.

Mit Hilfe dynamischer Simulationsrechnungen wurde an der TU Dresden eine Abschätzung des Einsparpotentiales an Antriebsenergie durch den Einsatz dezentraler Pumpen vorgenommen [9]. Für die theoretischen Untersuchungen wurde ein Modellgebäude von der Größe eines Einfamilienhauses gewählt und hinsichtlich der Ausstattungsmerkmale wie folgt unterschieden:

- unsaniertes Gebäude (spez. Heizlast: 101 W/m^2)
- saniertes Gebäude (spez. Heizlast: 39 W/m^2)
- unsanierte Anlage (Auslegung erfolgt für unsaniertes Gebäude)
- sanierte Anlage (Auslegung erfolgt für saniertes Gebäude)

Zusätzlich wurde der Einfluss eines fehlenden hydraulischen Abgleichs untersucht, wahlweise in Kombination mit einer optimal ausgelegten oder einer überdimensionierten zentralen Pumpe (mit bis zu 200% der erforderlichen Förderhöhe).

Die Simulationsergebnisse bestätigen das vermutete, hohe Einsparpotential an Antriebsenergie. Für das Modellgebäude kann im unsanierten Fall durch den Einbau dezentraler Pumpen der Elektroenergiebedarf um mehr als 70 % reduziert werden. In der derselben Größenordnung sinkt der Antriebsenergiebedarf bei Sanierung sowohl der Gebäudehülle als auch der Heizungsanlage mit Einbau einer optimal ausgelegten zentralen Pumpe. Entspricht die umfassende Erneuerung von Gebäude und Anlage bereits dem Ausgangszustand, so kann hier der Antriebsenergiebedarf durch den Einsatz dezentraler Pumpen um über 80 % gesenkt werden. Die Kombination aus baulicher und anlagentechnischer Sanierung mit Entfernung aller Drosselarmaturen und Einbau dezentraler Pumpen bewirkt eine Reduktion des Elektroenergiebedarfes um 95 % (im gewählten Beispiel von 118 kWh/a auf 6 kWh/a).

Unter Berücksichtigung der Tatsache, dass in praktisch ausgeführten Anlagen hinsichtlich des hydraulischen Abgleichs und der eingesetzten Pumpen oftmals keine optimalen Bedingungen herrschen (die Vorgaben des Planers werden nicht oder nur eingeschränkt umgesetzt, in kleineren Objekten findet häufig gar keine detaillierte Planung statt), erhöht sich das elektroenergetische Einsparpotential dezentraler Pumpen im sanierten wie im unsanierten Fall auf 90 % und mehr.

Legt man heutige Strompreise zugrunde, entsprechen die hohen relativen Einsparungen jedoch verhältnismäßig geringen absoluten Energiekosteneinsparungen. Daraus resultiert nur ein geringer Anreiz für Investoren bzw. Betreiber, unabhängig von der volkswirtschaftlichen Sinnhaftigkeit. Das Hauptaugenmerk wird daher auf das Einsparpotential an Heizenergie gerichtet, da hier monetär weitaus größere Effekte zu erwarten sind.

2.6.2 Einsparung von Heizenergie

In ein Gesamt-Regelkonzept für dezentrale Pumpen können zahlreiche Funktionalitäten integriert werden, die bei gleichzeitiger Sicherung des gewünschten thermischen Komforts zu einer erheblichen Absenkung des Heizenergiebedarfes führen. Dazu zählen von den in Abschnitt 2.5 angeführten Regelfunktionen vor allem

- die flinke und präzise Raumtemperaturregelung,
- die bedarfsgeführte Wärmebereitstellung,
- die erweiterten Möglichkeiten eines intermittierenden Heizbetriebes mit Anheiz- und Heiz-Ende-Optimierung sowie
- die Diagnose von Fensterlüftungsvorgängen.

Die elektronische Raumtemperaturregelung ermöglicht bei entsprechender Parametrierung im Vergleich zur thermostatischen eine bessere Ausnutzung wechselnder Fremdwärmeeinträge, insbesondere wenn diese von hoher Dynamik gekennzeichnet sind.

Die bedarfsgeführte Wärmebereitstellung verfolgt mehrere Ziele, zum Einen die Absenkung der Systemtemperaturen und die Minimierung von Betriebszeit und Einschalthäufigkeit des Wärmeerzeugers. Auf diese Weise sollen die Rohrwärmeverluste des Verteilnetzes gesenkt, die Abstrahlungs-, Abgas- und Bereitschaftsverluste des Wärmeerzeugers reduziert und ggf. die Brennwertausnutzung verbessert werden. Die Bedarfsanpassung wirkt sich darüber hinaus durch Vermeidung eines überhöhten Vorlauftemperaturangebotes tendenziell vorteilhaft auf die Qualität und Effizienz der (kontrollierten) Wärmeübergabe in den Räumen aus.

Die Vereinbarung von Wochenzeitplänen der Soll-Raumtemperatur, welche von der Raumtemperaturregelung selbsttätig umgesetzt werden, führt insbesondere in Verbindung mit einer Anheizoptimierung dazu, dass die Möglichkeiten zur Realisierung eines intermittierenden Heizbetriebes vom Nutzer tatsächlich angewendet werden. Der geringe Bedienaufwand (keine regelmäßigen Sollwertverstellungen) und die Sicherung des gewünschten thermischen Komforts während der Anwesenheitszeiten motivieren den Nutzer zu einem solchen energiesparenden Verhalten. Durch den intermittierenden Betrieb können außerhalb von Komfortzeiten die Transmissions- und Lüftungswärmeverluste über die Gebäudehülle reduziert werden. Des Weiteren lässt sich der Aufwand zur Bereitstellung der Wärme in den Räumen (Wärmeerzeugung und -verteilung betreffend) minimieren.

Diagnoseverfahren, wie die Fensterlüftungserkennung, haben zum Ziel, ungünstige Betriebszustände zu detektieren und angemessen darauf zu reagieren, nach Möglichkeit mit einer entsprechenden Informationsrückkopplung zum Nutzer. Einen typischen, ungünstigen Betriebszustand von Heizungsanlagen stellt bspw. die Beheizung eines Raumes bei geöffnetem Fenster dar. Mit Hilfe einer elektronischen Regelung kann ein Lüftungsvorgang erkannt und die Wärmezufuhr an den Raum automatisch unterbrochen werden. Zusätzlich wird der Nutzer durch die Heizunterbrechung über den damit verbundenen Raumtemperaturabfall bezüglich seines Lüftungsverhaltens sensibilisiert. In Abhängigkeit vom Nutzerverhalten im Referenzfall und der Wirksamkeit der Nutzerbeeinflussung erschließt sich über Diagnosefunktionen unter Umständen ein erhebliches Energieeinsparpotential.

In der Fachliteratur lassen sich zur Energieeinsparung durch Einzelraumregelung ebenso zahlreiche wie variierende Angaben finden. Da die starken Abweichungen der Angaben nicht allein den Eigenschaften der untersuchten Systeme zugeschrieben werden können, scheint das jeweils ausgewiesene Einsparpotential in hohem Maße von den Randbedingungen und dem jeweiligen Nutzerverhalten abzuhängen sowie von der Bezugsgröße bzw. dem Vergleichsfall. In Bezug auf das Nutzerverhalten ist die angewendete Untersuchungsmethode von entscheidender Bedeutung, was in Abschnitt 3.1 dieser Arbeit noch eingehender diskutiert wird. So können für ein und dasselbe System stark unterschiedliche bis konträre Ergebnisse auftreten, je nachdem ob es sich um messtechnische Untersuchungen in bewohnten Gebäuden (mit weitestgehend unbekanntem Nutzerverhalten) oder Labormessungen (ohne Nutzereinfluss) oder theoretische Berechnungen auf der Grundlage statischer oder dynamischer Rechenverfahren (mit definiertem Nutzerverhalten) handelt.

Namhafte Anbieter zentraler Einzelraumregelsysteme bewerben ihre Produkte auf dem Markt mit Einsparpotentialen an Heizenergie von bis zu 30 %, mitunter erfolgt dabei eine Abstufung je nach Abwesenheitshäufigkeit der Nutzer (voll / teilweise / nicht berufstätig). Für unvernetzte elektronische Heizkörperregler (mit Zeitsteuerung und Fenster-Offen-Erkennung) wird teilweise ebenfalls von bis zu 30 % Energieeinsparung gesprochen. Für Thermostatregelventile nach dem Stand der Technik werden auch Heizenergieeinsparungen ausgewiesen und zwar in der Größenordnung von 5 %. Der den Angaben jeweils zugrundegelegte Referenzfall geht aus den Darstellungen in der Regel nicht bzw. nicht eindeutig hervor.

Veröffentlichungen des VDMA [99] zufolge lassen sich durch den Austausch veralteter Thermostatköpfe (älter als 15 Jahre) ca. 10...15 %, durch den erstmaligen Einbau von Thermostatregelventilen ca. 15...20 %, durch zeitgesteuerte Heizkörperventile ca. 20...25 % und durch vernetzte Einzelraumregelung ca. 25...30 % an Heizenergie einsparen (jeweils bei Annahme eines hydraulisch abgeglichenen Systems und für einen Heizwärmebedarf vergleichbar dem eines Bestandsgebäudes vor Novellierung der Wärmeschutzverordnung 1995). Es ist zu vermuten, dass dabei auf den Fall ohne selbsttätig wirkende Einrichtungen zur Verringerung oder Abschaltung der Wärmezufuhr (also z. B. Handabsperrventile) Bezug genommen wird. In Deutschland besteht jedoch schon seit Jahren für Neubauten und Bestandsgebäude die Pflicht zur Ausstattung beheizter Räume mit selbsttätig wirkenden Einrichtungen zur raumweisen Regelung der Raumtemperatur. Vor diesem Hintergrund relativieren sich die ausgewiesenen Einsparpotentiale.

Eigene numerische Untersuchungen [10] zur Erreichbarkeit von heizenergetischen Einsparpotentialen in der Größenordnung von 30 % zeigen, dass sowohl mit Hilfe der vernetzten als auch der unvernetzten Einzelraumregelung unter besonders günstigen Randbedingungen für einzelne Räume durchaus hohe Einsparungen an Heizwärme in der genannten Größenordnung erzielt werden können. Folgende Tendenzen zeichnen sich ab:

Ein hohes Einsparpotential der elektronischen Einzelraumregelung (mit oder ohne Vernetzung) besteht insbesondere dann, wenn

- die Absenkphasen ausgesprochen lang bzw. die Komfortzeiten sehr kurz sind,
- außerhalb der Nutzungszeiten eine starke Raumauskühlung auftritt,
- gemessen am Gesamtwärmebedarf anteilig hohe Fremdwärmegewinne auftreten und
- die Fremdwärmelasten vor allem während der Komfortzeiten anfallen.

Hohe raumseitige Einsparungen in der Größenordnung von 30 % lassen sich nur erreichen, wenn für einen Raum mehrere der genannten Aspekte aufeinandertreffen. Das gilt beispielsweise für Räume, welche nach Süden orientiert sind, große Fensterflächen besitzen (also hohe Strahlungswärmegewinne verzeichnen) und zusätzlich vor allem während der Nutzungszeiten hohe interne Wärmegewinne aufweisen (durch Personen, Licht und elektrische / elektronische Geräte), wie z. B. Wohnzimmer und Küchen.

Solche Verhältnisse betreffen gegebenenfalls nur einzelne Räume eines Gebäudes und führen nicht zu einer Einsparung an Endenergie bzw. Brennstoff des Gesamtsystems in derselben Höhe. So kann eine stark intermittierende Betriebsweise einen höheren Bereitstellungsaufwand des Wärmeerzeugers für weniger Nutzwärme bedeuten (siehe Abschnitt 3.3). Für den Endkunden entscheidend und nicht zuletzt ökologisch relevant ist jedoch die an das Gebäude zu übergebende (End-)Energiemenge. Die Erfordernis einer ganzheitlichen Betrachtung wird hier deutlich.

Es existieren eine Reihe von wissenschaftlichen Arbeiten, in denen die Wirksamkeit verschiedener Einzelraumregelsysteme auf der Grundlage von Feldmessungen untersucht wird (z.B. von Clausnitzer [22], Brendel [19], Bennecke [18] und Kähler [63]). Die Angaben zur erzielten Heizenergieeinsparung schwanken stark, wobei maximale Einsparungen von bis zu 30% genannt werden. Die Einsparungen werden bei einem unterschiedlichen Optimierungsgrad der Heizsysteme erreicht. Dabei steht dem Nutzer die Möglichkeit zur Realisierung einer intermittierenden Raumbeheizung zur Verfügung, teilweise mit verbesserter Raumtemperaturregelung und/oder integrierter Fensterlüftungserkennung. Mitunter besteht auch die Möglichkeit zur Ansteuerung eines Wärmeerzeugers.

Wie einem entsprechenden Forschungsbericht der TU Dresden [71] zu entnehmen ist, fanden in einem unbewohnten Versuchshaus erste Messungen zum Energieeinsparpotential eines Systems mit vernetzten, dezentralen Pumpen statt. Dabei wurde eine Einsparung an Heizenergie gegenüber einer vergleichsweisen Ausstattung des Gebäudes mit thermostatischen Heizkörperventilen von ca. 20 % ermittelt. Zu derselben Feststellung kommt auch das Fraunhofer Institut für Bauphysik nach mehrmonatigen Feldmessungen während einer Heizperiode in zwei baugleichen, unbewohnten Einfamilienhäusern auf dem Versuchsgelände in Holzkirchen [52].

Verschiedene theoretische Arbeiten bewerten Einzellösungen zur Verbesserung der energetischen Effizienz von Heizungsanlagen auf der Basis numerischer Simulationsmodelle. Eine energetische Bewertung der Raumtemperaturregelung wird bspw. von Bauer [15],

Hirschberg/Knabe [67], Richter/Kremonke [72] und Stephan [95] vorgenommen. Die Verwendung unterschiedlicher Randbedingungen erschwert den direkten Vergleich der Ergebnisse. Eine zusammenfassende Analyse von Knabe u.a. in [49] kommt zu dem Ergebnis, dass im Vergleich zu thermostatischer Raumtemperaturregelung durch den Einsatz elektronischer PI-Regler der raumseitige Energiebedarf um ca. 15% verringert werden kann. Zur Problematik des intermittierenden Heizbetriebes, auch im Hinblick auf eine energetische Bewertung, existieren u. a. Arbeiten von Felsmann [48] und Knorr [69]. Die Wirkung einer bedarfsgeführten Vorlauftemperaturregelung auf den Heizenergiebedarf ist Gegenstand numerischer Untersuchungen z. B. von Knorr/Seifert [91]. Guzek geht in [54] ausführlich auf die Energieeinsparung in Heizungsanlagen durch den hydraulischen Abgleich ein.

Ein ganzheitlicher energetischer Vergleich von Heizungsanlagen in Niedrigenergiehäusern erfolgt durch Seifert u.a. in [90], wobei auch die Wirkung der Raumluftströmung berücksichtigt wird. Der Einfluss des Nutzerverhaltens auf den Energieverbrauch hochwärmegedämmter Gebäude wird von Richter u.a. [40] auf der Grundlage umfangreicher theoretischer Betrachtung unter Einbeziehung numerischer Simulationsmodelle eingehend diskutiert. Kraft setzt sich in [70] mit den durch Informationstechnologien erreichbaren Einsparpotentialen bei der Energieversorgung von Wohngebäuden auseinander. Dabei werden typische Regelfunktionen marktgängiger zentraler Einzelraumregelsysteme mit Hilfe numerischer Simulationen sowohl im Einzelnen als auch im Gesamtsystem energetisch bewertet. Hierbei erfolgt eine Unterteilung in verschiedene Gebäudetypen (Ein- und Mehrfamilienhaus) und Nutzungsarten (Rentner, junge Familien, Alleinstehende usw.).

Die Erarbeitung belastbarer Aussagen zum Einsparpotential setzt eine energetische Gesamtsystem-Betrachtung unter Berücksichtigung der Komplexität eines Regelsystems voraus und zwar unter verschiedenen Einsatzbedingungen. Für Systeme mit vernetzten dezentralen Pumpen existieren diesbezüglich noch keine detaillierten Ergebnisse. Der Schwerpunkt der weiteren Ausführungen wird daher auf die Analyse des mit Hilfe eines Gesamt-Regelkonzeptes für dezentrale Pumpen erreichbaren Einsparpotentiales an Heizenergie gelegt.

3 Numerische Untersuchungen

Wie bereits angedeutet, zeigt sich bei der Literaturrecherche zur Energieeinsparung durch Einzelraumregelung, dass die Ergebnisse von praktischen Feldmessungen und theoretischen Berechnungen zu ähnlich gearteten Systemen hinsichtlich des nachgewiesenen bzw. vorausgesagten Energieeinsatzes häufig zu völlig konträren Ergebnissen führen. Hersteller von zentralen Einzelraumregelsystemen bewerben ihre Produkte mehrheitlich mit Heizenergieeinsparungen von 20...30 %. Bei einer Feldstudie der Stadtwerke Wuppertal [5] konnte mit Hilfe der elektronischen Einzelraumregelung eines namhaften Herstellers auch eine Heizenergieeinsparung von bis zu 30 % nachgewiesen werden. Hingegen kommt das Bremer Energie Institut nach mehrjährigen Feldversuchen im Rahmen einer Marktrecherche zu zentralen Einzelraumtemperaturreglern zu dem Schluss, dass „keine signifikante Senkung des Endenergieverbrauches" erreichbar sei [22].

Nicht selten führen derart widersprüchliche Aussagen in Fachkreisen zu kontroversen Diskussionen über die Objektivität der Ergebnisse. Günstiger erscheint es, vor Beginn einer Untersuchung zunächst zu überdenken, auf der Grundlage welcher Vorgehensweise im Sinne der jeweiligen Zielstellung überhaupt belastbare Aussagen gewonnen werden können.

3.1 Wahl der Untersuchungsmethode

Aussagekräftige und belastbare Ergebnisse stellen sich bei einer wissenschaftlichen Analyse nur dann ein, wenn eine dem Zweck entsprechende, geeignete Untersuchungsmethode gewählt wird. Hierfür bedarf es der Kenntnis wesentlicher Eigenschaften verschiedener Untersuchungsmethoden. Mit der numerischen Simulation auf der einen Seite und der Feldmessung auf der anderen Seite können zwei der am häufigsten angewendeten und gleichzeitig voneinander am meisten verschiedenen Untersuchungsmethoden benannt und einander gegenübergestellt werden. Labormessungen, Emulationen und weitere Verfahren stellen zumeist Schnittmengen von Simulation und Messung dar, auch hinsichtlich ihrer Charakteristik.

Die numerische Simulation beinhaltet eine modellhafte, vereinfachte Nachbildung der in der Realität vorhandenen vielfältigen Einflüsse und komplexen thermodynamischen Zusammenhänge. In der Simulation existiert eine zwar vereinfachte, aber eindeutig definierte und variierbare Systembeschreibung, sowohl die inneren als auch die äußeren Verhältnisse betreffend (Baukonstruktion, Anlagentechnik und -betrieb, Nutzung, Witterung etc.). Je nach Aufgabenstellung kann das Simulationsmodell flexibel den Erfordernissen angepasst werden. Zudem ermöglicht die moderne Rechentechnik inzwischen komplexe Berechnungen über längere Zeiträume (z. B. mehrere Heizperioden) bei akzeptablen Rechenzeiten. Es ergeben sich ggü. der Messung vergleichsweise kurze Untersuchungszeiträume und geringe Kosten. Damit eignet sich die numerische Simulation insbesondere für:

- die Bewertung einzelner Funktionalitäten, Einflüsse und Effekte (sofern sie mit ausreichender Genauigkeit nachgebildet werden können),
- die Erarbeitung optimaler Systemeigenschaften, Abschätzung von Einsparpotentialen,
- die Bewertung eines Gesamtsystems unter definierten Randbedingungen (Möglichkeit zum Systemvergleich),
- die gezielte Einstellung bestimmter(auch kritischer) Betriebssituationen für Funktionstests oder zur Anlagenbemessung sowie
- als Planungs-, Entwicklungs- und Qualifizierungswerkzeug.

Feldmessungen spiegeln demgegenüber uneingeschränkt reale Verhältnisse wider. Auch das tatsächliche Nutzerverhalten in der Interaktion mit dem System wird auf diese Weise berücksichtigt. Willkürliche und teilweise unbestimmte Randbedingungen oder auch Systemeigenschaften erschweren es jedoch, die gemessenen Einflüsse adäquat zu bewerten. Das gilt insbesondere für die erhebliche, zumeist jedoch unbekannte Einflussnahme des Nutzers. Im Vergleich zur numerischen Simulation mit einer validierten Software sind Messungen auch bei sorgfältiger Fehlerabschätzung mit größeren Unsicherheiten behaftet. Darüber hinaus sind sie in der Regel sehr zeit- und kostenintensiv. Aufgrund dessen erscheinen Feldmessungen vor allem geeignet für:

- die Erarbeitung von Verbesserungsmöglichkeiten zur Unterstützung des Nutzers hinsichtlich eines energieeffizienten Verhaltens (z. B. Bedienkonzept),
- die Bewertung der Wirksamkeit von Maßnahmen, welche auf eine Änderung des Nutzerverhaltens abzielen (z. B. Fensterlüftungserkennung, Verbrauchserfassung, „monitoring"-Funktionen),
- die Möglichkeit zur Validierung von Simulationsmodellen in Bezug auf Einzeleffekte (z. B. Zeitverhalten von Regelstrecken, Einfluss der Sensoranordnung und -trägheit) und
- die Erarbeitung geeigneter Regelparameter und Messwertfilter für verschiedene Arten von Regelstrecken.

Darüber hinaus ergeben sich aus der Kopplung beider Untersuchungsmethoden erweiterte Möglichkeiten zur Fehlerdiagnose bei bestehenden Anlagen (durch Nachbilden konkreter Betriebssituationen, wie z. B. Unterversorgungserscheinungen infolge eines unzureichenden hydraulischen Abgleichs), zur Analyse und Optimierung des Anlagenbetriebes sowie zur Weiterentwicklung und Validierung von Simulationswerkzeugen. DA SILVA führt in [24] als Haupteinsatzgebiete von Simulation und Emulation die Untersuchung kritischer Betriebszustände, die Bewertung von Neuerungen oder Systemen bis hin zum Wettbewerbervergleich, die Fehlerdiagnose sowie die Verifizierung von Simulationsmodellen an.

Damit erscheint die gekoppelte dynamische Gebäude- und Anlagensimulation als Untersuchungsmethode für eine ganzheitliche energetische Systembewertung besonders geeignet.

3.2 Gekoppelte dynamische Gebäude- und Anlagensimulation

Für die numerischen Berechnungen wird auf die gekoppelte dynamische Gebäude- und Anlagensimulation zurückgegriffen. Dabei kommt eine an der TU Dresden umfassend erweiterte Version des kommerziellen Gebäudesimulationsprogrammes TRNSYS [97] zur Anwendung (siehe hierzu die Dissertation von PERSCHK [85]). Hierbei handelt es sich um ein Simulationsprogramm, welches auf der Basis eines geometrischen Modells Berechnungen zum thermischen Verhalten der Gebäudehülle und dem Betriebsverhalten der Anlagentechnik ermöglicht (Abb. 3.1) und zwar auch über längere Zeiträume (Jahresgänge) und für sehr komplexe Gebäude.

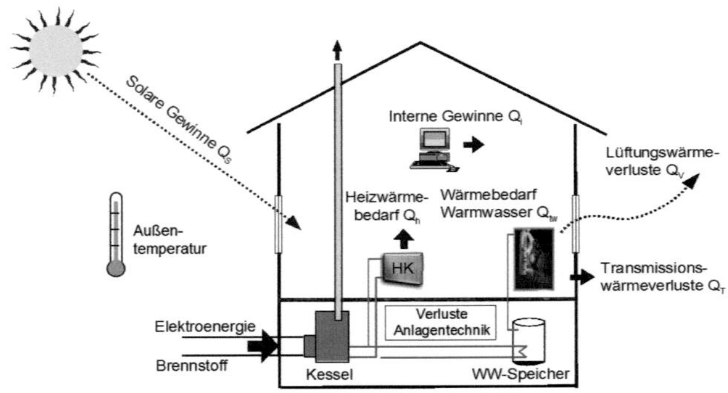

Abb. 3.1: Grundprinzip der gekoppelten Gebäude- und Anlagensimulation

Der modulare Aufbau des Programmsystems und die allgemein gültigen Nutzerschnittstellen bilden gute Voraussetzungen zur anwendungsbezogenen Anpassung bzw. Erweiterung. Das Programm wird an der TU Dresden permanent weiterentwickelt und validiert[22]. Daher ist es grundsätzlich geeignet, auch anspruchsvolle Lösungen zur Regelung, Steuerung und Optimierung von heizungstechnischen Anlagen nachzubilden. Damit sind Simulationsrechnungen möglich, bei denen sowohl das Betriebsverhalten der Heizungsanlage als auch das thermische Verhalten der Gebäudehülle in geeigneter Weise berücksichtigt wird.

Die Simulationsumgebung von TRNSYS kann mit einem Strömungssimulationsprogramm gekoppelt werden. Dies ermöglicht die Einbeziehung der Raumluftströmung in die Berechnungen. Letzteres empfiehlt sich bspw. für Untersuchungen, bei denen Raumzustände hochaufgelöst betrachtet werden sollen, etwa bei Fragestellungen zur thermischen Behaglichkeit oder Raumluftqualität. Für energetische Analysen ist eine Raumluftströmungssimulation in der Regel nicht erforderlich und im Hinblick auf den damit verbundenen enormen Rechenaufwand auch nicht zielführend. Numerische Simulationen unter Einbeziehung der

[22] Das für die Untersuchungen im Rahmen dieser Arbeit verwendete Programmpaket von TRANSSOLAR wurde speziell im Rahmen des IEA TASK 22 stark erweitert und umfassend validiert ([47], [46]).

Raumluftströmung laufen mit moderner Rechentechnik bereits bei Nachbildung eines einzelnen Raumes in Echtzeit oder langsamer ab. Für die vorliegenden Untersuchungen wird daher auf die Berechnung der Raumluftströmung verzichtet.

Das verwendete Simulationsprogramm ermöglicht die hydraulische Nachbildung von Systemen mit dezentralen Pumpen. Des Weiteren lässt sich der Funktionsumfang eines Gesamt-Regelkonzeptes für solche Systeme nachempfinden, bei Bedarf auch in abgestufter Form. Damit sind die Voraussetzungen geschaffen, um Heizsysteme mit vernetzten, dezentralen Pumpen einer energetischen Analyse zu unterziehen und das im Vergleich zu herkömmlichen Lösungen bestehende Einsparpotential abzuschätzen. Der modulare Aufbau des in die Simulationsumgebung eingebetteten Regelsystems gestattet darüber hinaus die energetische Bewertung einzelner Funktionalitäten. Abb. 3.3 veranschaulicht die an der TU Dresden vorgenommene Erweiterung der Simulationsumgebung von TRNSYS für die Nachbildung von Systemen mit dezentralen Pumpen.

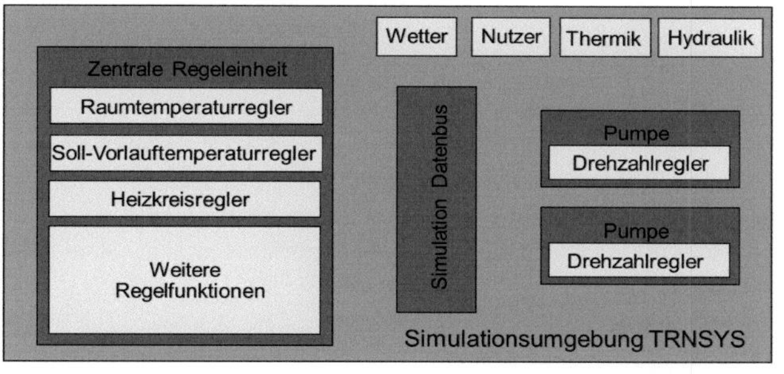

Abb. 3.2: Einbettung eines Regelsystems für dezentrale Pumpen in die Simulationsumgebung von TRNSYS

3.3 Ermittlung des Einsparpotentiales an Heizenergie

Systeme mit dezentralen Pumpen können in kleineren und größeren Gebäude eingesetzt werden, in Wohnbauten ebenso wie in öffentlich oder gewerblich genutzten. Um Aussagen für ein möglichst breites Anwendungsfeld ableiten zu können, werden daher im Rahmen der numerischen Untersuchungen unterschiedliche Gebäudetypen betrachtet. Diese unterscheiden sich sowohl hinsichtlich ihrer Größe als auch in Bezug auf den baulichen Wärmeschutz und ihre Nutzung. Weiterhin sollen die Auswirkungen einer variierenden Betriebsweise untersucht werden.

Da der Rechenaufwand mit zunehmender Gebäudegröße und Komplexität des Modelles steigt, konzentrieren sich die numerischen Untersuchungen zunächst auf ein hinsichtlich seiner Bauweise und Größe für Deutschland typisches Einfamilienhaus. Hier kann der Einfluss variabler Randbedingungen bei vertretbaren Rechenzeiten abgeschätzt werden.

Belastbare und praxisrelevante Aussagen zum Energieeinsparpotential dezentraler Pumpensysteme lassen sich nur gewinnen, wenn der Referenzfall sinnvoll gewählt und transparent beschrieben wird. Als Vergleichsbasis für die vorgesehenen energetischen Untersuchungen soll ein nach den Regeln der Technik geplantes, sachgerecht ausgeführtes und konventionell betriebenes Heizsystem mit modernen, thermostatischen Heizkörperventilen herangezogen werden. Sowohl im Gebäudebestand als auch bei Neubauten stellt dies bislang die am häufigsten realisierte Anlagenvariante dar. Insofern erscheint es sinnvoll, ein solches System als Referenzfall zu wählen.

3.3.1 Einfamilienhaus

3.3.1.1 Modellbeschreibung

Beim gewählten Modellgebäude handelt es sich um ein Einfamilienhaus mit unterkellertem Erdgeschoss, 2 Vollgeschossen und nicht ausgebautem Dachraum. 11 der insgesamt 18 Räume werden mit Plattenheizkörpern beheizt. Die beheizte Wohnfläche beläuft sich in der Summe auf ca. 160 m^2. Davon entfallen ca. 10 m^2 auf den Flur im Kellergeschoss, was in statistischen Auswertungen üblicherweise nicht der Wohnfläche zugerechnet wird.

Verglichen mit dem Bestand an Einfamilienhäusern in Deutschland handelt es sich bei dem modellierten Gebäude um eine eher großes. Betrachtet man jedoch die Neubautätigkeit, so spiegelt es gut den schon seit Jahren zu verzeichnenden Trend zu immer größeren Wohnflächen wieder[23]. Diese Tendenz schlägt sich auch in entsprechenden Regelwerken zur energetischen

[23] Im bundesdeutschen Durchschnitt beträgt die Wohnfläche bestehender Einfamilienhäuser gegenwärtig ca. 120 m^2. Die mittlere Wohnfläche neu errichteter Einfamilienhäuser liegt gegenwärtig bei ca. 145 m^2 (vgl. Statistisches Jahrbuch 2011 [94]).

Bewertung von (Wohn-)Gebäuden nieder, bspw. DIN 4108-6 [31] zur Ermittlung des Jahresheizwärmebedarfes. Bei dem darin enthaltenen Modellgebäude handelt es sich um ein Einfamilienhaus mit einer beheizten Wohnfläche von 170 m^2.

Dieser Umstand findet bei der Modellierung des Einfamilienhauses für die Simulation Berücksichtigung. Die Abbildungen A.1 und A.2 des Anhanges vermitteln einen Eindruck des Gebäudemodelles und der darin vorgesehenen Heizungsanlage.

Für das Gebäude werden zwei Wärmeschutzniveaus betrachtet, jeweils in mittelschwerer Bauweise. Zum Einen wird der Neubau mit Ausführung als Niedrigenergiehaus (NEH) nach Energieeinsparverordnung 2007 (EnEV2007 [6]) untersucht und weiterhin das Bestandsgebäude mit einem baulichen Wärmeschutz gemäß Wärmeschutzverordnung 1977 (WSchVO77 [3]). Die Festlegungen zu den Wandaufbauten, Verglasungen, Dachkonstruktion und Decken orientieren sich dabei an den von HARTMANN in [40] für verschiedene Wärmeschutzniveaus angegebenen typischen Bauweisen. Zusätzlich werden zur Berücksichtigung der Speicherwirkung von Inneneinrichtungen in die einzelnen Zonen angemessene Kapazitäten eingebracht (unabhängig vom Wärmeschutzniveau in derselben Höhe).

Zur Einordnung des realisierten baulichen Wärmeschutzes eignet sich die Betrachtung des spezifischen Jahresheizwärmebedarfes. Dieser kann nach DIN 4108-6 für mittlere deutsche Verhältnisse bestimmt werden. Für das gewählte Modellgebäude lässt sich beim Neubau ein spezifischer Jahresheizwärmebedarf in der Größenordnung von 30 $kWh/(m^2a)$ bestimmen. Das entspricht einem sogenannten „3-Liter-Haus“ und stellt ein energetisch sehr gutes Niedrigenergiehaus dar. Für den Altbau beträgt der spezifische Jahresheizwärmebedarf ca. 200 $kWh/(m^2a)$, was im Bereich der energetischen Anforderungen der ersten Wärmeschutzverordnung von 1977 liegt. Der bauliche Wärmeschutz der beiden Varianten wird bewusst stark unterschiedlich gewählt, um aus den Untersuchungen Aussagen für ein möglichst breites Spektrum von Gebäuden ableiten zu können.

Der Modellierung der Baukonstruktion schließt sich die Auslegung der Heizungsanlage an. Hierfür wird im ersten Schritt die Heizlast aller Räume sowie des gesamten Gebäudes bestimmt. Als Auslegungsraumtemperatur wird dabei von 20 °C ausgegangen, mit Ausnahme des Bades (22 °C) und der Flure (18 °C). Dies steht in Übereinstimmung zu entsprechenden Angaben sowohl in DIN EN 12831 [26] (Heizlastberechnung) als auch der vormals geltenden Wärmebedarfsberechung nach DIN 4701 [38]. Bezüglich des Außenluftwechsels haben sich die normativen Empfehlungen in den letzten Jahren geändert. Daher erfolgt hier die Festlegung für den Neubau in Anlehnung an die Empfehlungen der DIN EN 12831, im Altbau dagegen entsprechend den Angaben in DIN 4701, welche für Küchen, Bäder und WC's vergleichsweise höhere hygienische Mindestluftwechsel forderte (vgl. Tab. A.1). Diese Vorgehensweise soll den typischen Planungs- und Ausführungsvorgang im Alt- und Neubau nachempfinden und zu einer entsprechenden Anlagendimensionierung führen. Daraufhin kann für eine Norm-Außentemperatur von -14 °C die Heizlast des Neubaus zu 6 kW und die des Bestandsgebäudes zu 15 kW berechnet werden.

Auf Grundlage der Heizlastberechnung erfolgt die Rohrnetz- und Heizflächendimensionierung zunächst für Systemtemperaturen von 70/55 °C im Neubau bzw. 75/55 °C im Altbau. Bei der Auswahl der Heizflächen wird zur Bereitstellung einer ausreichenden Leistungsreserve für Aufheizvorgänge eine Überdimensionierung um 25 % im Neubau und 15 % im Altbau vorgesehen[24]. Die Tab. A.1 des Anhanges gibt einen Überblick über die Norm-Heizlasten aller Räume sowie die zu ihrer Kompensation vorgesehenen Heizflächen. In Bezug auf die Wärmeabgabe der Heizflächen wird für die Simulation ein Heizkörperexponent von 1,3 bei einem Strahlungsanteil von 38 % angenommen, was typischen Kennwerten 1- oder 2-reihiger Plattenheizkörper entspricht. Zur raumweisen Regelung der Wärmeabgabe werden alternativ dezentrale Pumpen bzw. die in herkömmlichen Heizsystemen überwiegend verwendeten Thermostatregelventile mit einem Auslegungs-Proportionalbereich von 2 K (bei 50 % Hub) vorgesehen.

Die Wärmeverteilung erfolgt im 2-Rohr-Prinzip über jeweils eine Ringleitung an der Kellerdecke (zur Versorgung der Räume im Erdgeschoss) und eine im Fußboden des Obergeschosses (siehe Abb. A.2). Die Rohrleitungen sind entsprechend den Anforderungen der EnEV 2007 wärmegedämmt. Im Altbau wird abweichend davon auf eine Wärmedämmung der Rohrleitungen in beheizten Räumen verzichtet. Für das Vergleichssystem mit Thermostatregelventilen wird von einem hydraulischen Abgleich auf die Auslegungsmasseströme durch Voreinstellung der Thermostatregelventile sowie eine zusätzliche zentrale Abdrosselung des überschüssigen Pumpendruckes ausgegangen. Die entsprechenden hydraulischen Widerstände werden in das Rohrnetzmodell integriert. Der hydraulische Abgleich dezentraler Pumpen wird regelungstechnisch realisiert (durch Einhaltung maximaler Masseströme oder Drehzahlen). Auf zusätzliche Einzelwiderstände kann hier verzichtet werden.

Die Wärmeversorgung des Gebäudes soll zunächst ein Brennwert-Wandgerät übernehmen. Es werden die Produktkennwerte typischer marktgängiger Wandgeräte mit einer Nenn-Wärmebelastung von 16 kW für den Neubau bzw. 25 kW für den Altbau verwendet. Die Geräte können ihre Wärmeabgabe dem Bedarf gleitend anpassen bis zu einer Modulationsuntergrenze von 25 %. Des Weiteren benötigen sie eine Mindestumlaufwassermenge von 150 l/h, deren Absicherung Aufgabe eines entsprechenden Überströmventiles (ÜSV) ist. Die maximalen Vorlauftemperaturen der gewählten Geräte liegen bei 74 bzw. 75 °C.

Die auf dem Markt verfügbaren Wandgeräte besitzen in der Regel eine integrierte zentrale Pumpe mit mehreren Drehzahlstufen, welche der Kompensation der Druckverluste von Wärmeerzeuger und Heiznetz dient und darüber hinaus die Funktion des Überströmventiles sichert. Die Parameter der für die vorliegenden Simulationsrechnungen anzunehmenden Pumpen-Kennlinien für den Alt- und Neubau werden aus den entsprechenden Herstellerangaben abgeleitet. In den Simulationsvarianten mit Thermostatregelventilen übernimmt diese Pumpe die Medienförderung im Heiznetz, wobei sie ungeregelt im Neubau auf mittlerer Drehzahlstufe (C; Nennarbeitspunkt 426 kg/h bei 306 mbar) und im Altbau auf höchster

[24] Die 15 %ige Überdimensionierung im Altbau entspricht den bis vor wenigen Jahren üblicherweise angewendeten Empfehlungen zur Heizflächenbemessung nach DIN 4701-3 [37]. Für hochwärmegedämmte Gebäude kann ein deutlich höherer Heizflächenzuschlag erforderlich sein. Der nationale Anhang von DIN EN 12831 [33] sieht im Extremfall Leistungsreserven bis zu einem Mehrfachen der Norm-Heizlast vor.

(H; Nennarbeitspunkt 814 kg/h bei 614 mbar) betrieben wird. Die Pumpenlaufzeit ist an den Brenner gekoppelt.

Für das vorliegend untersuchte System mit dezentralen Pumpen erfolgt eine hydraulische Entkopplung des Heiznetzes vom Wärmeerzeuger (mit dessen integrierter Pumpe) über eine hydraulische Weiche. Die kesselinterne Pumpe deckt nur die Druckverluste des Wärmeerzeugerkreises ab und kann auf niedrigster Drehzahlstufe (A) laufen. Abb. 3.3 dokumentiert die in der Simulation verwendeten Pumpenkennlinien am Beispiel des Wärmeerzeugers für den Neubau.

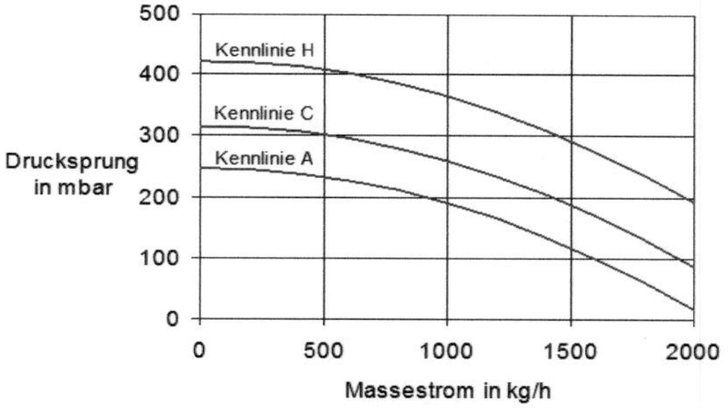

Abb. 3.3: Kennfeld der zentralen Pumpe im Neubau

Die im Alt- und Neubau verwendeten dezentralen Pumpen unterscheiden sich voneinander nicht. Für die hier angestellten numerischen Untersuchungen wird ein Kennfeld dezentraler Pumpen entsprechend Abb. 3.4 angenommen und von einer stufenlosen Drehzahlregelung zwischen 500 und 5000 1/min ausgegangen.

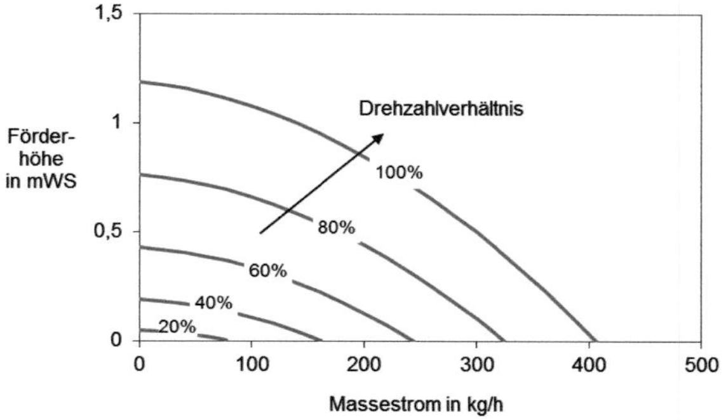

Abb. 3.4: Kennfeld der dezentralen Pumpen

3.3.1.2 Randbedingungen für die energetischen Untersuchungen

Zur Ableitung belastbarer, praxisrelevanter Aussagen zum Energieeinsparpotential ist nicht nur das betrachtete Modellgebäude und die anlagentechnische Ausstattung möglichst realitätsnah zu wählen. Gleiches gilt auch für den Betrieb der Heizungsanlage. Für die ganzheitliche energetische Bewertung eines zentralen Einzelraumregelsystems mit dezentralen Pumpen (Kurzbezeichnung „DZP") in der Gegenüberstellung zu einem herkömmlichen Heizsystem mit thermostatischen Heizkörperventilen (Kurzbezeichnung „TRV") werden grundsätzlich übereinstimmende Randbedingungen vorgegeben[25]. Um den regelungstechnischen Besonderheiten der betrachteten Anlagenausführungen gerecht werden zu können, finden systembedingte funktionale Unterschiede dennoch Berücksichtigung. Diese Unterschiede resultieren aus dem abweichenden Funktionsumfang und den daraufhin für die praktische Anwendung anzunehmenden, andersartigen Umsetzungen. Dies betrifft vor allem

- die Festlegung von Komfortzeiten der Raumtemperatur ohne Nutzereingriff (TRV: durchgehend / DZP: intermittierend),
- die Definition von Nutzungszeiten für den Wärmeerzeuger (TRV: konstant / DZP: bedarfsabhängig variabel),
- die Vorgabe der Soll-Vorlauftemperatur (TRV: nach Heizkurve / DZP: bedarfsgeführt).

In den nachfolgenden Abschnitten werden die Übereinstimmungen und Unterschiede bei den gewählten Randbedingungen eingehend besprochen. Zur späteren Bewertung des Einflusses einzelner Randbedingungen auf das Energieeinsparpotential erweist es sich als zweckmäßig, zunächst jeweils eine so bezeichnete Basisvariante der zu vergleichenden Systeme festzulegen (je eine Basisvariante mit Thermostatregelventilen und eine mit dezentralen Pumpen für den Neu- und für den Altbau). Ausgehend von den Basisvarianten werden dann einzelne oder auch mehrere Parameter verändert und die Auswirkungen betrachtet. An dieser Stelle werden zunächst die Basisvarianten hinsichtlich ihrer Merkmale beschrieben.

[25] VDI 6020 „Anforderungen an Rechenverfahren zur Gebäude- und Anlagensimulation" [100] liefert hierfür Anhaltspunkte. Die Richtlinie enthält Mindestanforderungen an Rechenverfahren hinsichtlich der Algorithmen und zu berücksichtigenden Einflussgrößen bzw. Parameter. Konkrete Angaben zur Festlegung von Randbedingungen für die energetische Bewertung von Gebäuden lassen sich darüber hinaus in DIN EN 15251 „Eingangsparameter für das Raumklima zur Auslegung und Bewertung der Energieeffizienz von Gebäuden" [36] finden. Die hier getroffenen Festlegungen orientieren sich u. a. an den Empfehlungen der genannten Regelwerke.

Anlagenbetrieb

Wärmeerzeugung und -verteilung

In herkömmlicher Weise wird am Wärmeerzeuger eine Heizgrenze (mit Hysterese von z. B. 2 K) eingestellt. Überschreitet der Wert der gedämpften Außentemperatur die festgelegte Ausschaltgrenze, findet ein Wechsel in den Sommerbetrieb statt. Im Sommerbetrieb wird der Wärmeerzeuger lediglich zur Trinkwassererwärmung eingeschaltet (im vorliegenden Fall bleibt die Trinkwassererwärmung unberücksichtigt) und bleibt ansonsten ausgeschaltet, um unnötige Bereitschaftsverluste zu vermeiden. Bei nicht bedarfsgeführter Wärmeerzeugeransteuerung soll auf diese Weise in der Übergangszeit und den Sommermonaten ein unnötiger Mehrverbrauch vermieden werden. Unterschreitet die gedämpfte Außentemperatur die Wiedereinschaltgrenze, nimmt der Wärmeerzeuger den Heizbetrieb wieder auf.

Für das Modellgebäude wird die Heizgrenze für beide zu untersuchenden Systeme im Neubau zu 10 °C und im Altbau zu 15 °C festgelegt. Für die zu simulierende Anlage mit dezentralen Pumpen ist die Definition einer Heizgrenze nicht unbedingt erforderlich, da hier bereits mit Hilfe der vorgesehenen, bedarfsgeführten Wärmeerzeugeransteuerung unnötige Bereitschaftsverluste vermieden werden können. Die Einhaltung der (sowohl für den Neubau als auch den Altbau eher niedrig gewählten) Heizgrenze wirkt sich daher hauptsächlich im Referenzfall mit Thermostatregelventilen energetisch vorteilhaft aus. Dies ist im Sinne einer eher vorsichtigen Abschätzung des Einsparpotentiales dezentraler Pumpen.

Für den regulären Heizbetrieb muss die vom Wärmeerzeuger bereitzustellende Vorlauftemperatur vereinbart sein. Für das konventionelle System mit Thermostatregelventilen erfolgt dies in Abhängigkeit der gedämpften Außentemperatur nach der Heizkurve[26] (siehe Abschnitt 2.2.1). Die Festlegung der Heizkurve orientiert sich an den Auslegungstemperaturen, was im Neubau 70/55/20/-14 °C (Anstieg 1,47 / Fußpunkt 20 °C) bzw. im Altbau 75/55/20/-14 °C (Anstieg 1,62 / Fußpunkt 20 °C) entspricht. Um den Einsatzbedingungen der Praxis in der vorliegenden Untersuchung möglichst nahe zu kommen, wird in Anlehnung an diesbezügliche Ausführungen, bspw. in der Dissertation von JAGNOW [60], zusätzlich der Anstieg der Heizkurve um 8,5 % erhöht sowie der Fußpunkt um 4 K angehoben. Die Obergrenze der Heizkurve entspricht unabhängig davon der Auslegungstemperatur, also 70 bzw. 75 °C. Die Untergrenze ergibt sich ggf. aus der Mindestanforderung des Wärmeerzeugers. Bei den für die Basisvarianten gewählten Geräten existiert keine Mindestanforderung an die Vorlauftemperatur, weshalb die Untergrenze dem Fußpunkt entspricht.

Durch Informationsvernetzung besteht in zentralen Einzelraumregelsystemen die Möglichkeit zur bedarfsabhängigen Soll-Vorlauftemperaturregelung. Die Vorgabe einer außentemperaturgeführten Heizkurve ist daher nicht zwingend erforderlich, kann aber unter bestimmten Umständen sinnvoll sein. Mit Hilfe einer Heizkurve kann bei bedarfsgeführter Soll-Vorlauftemperaturregelung die dem Nutzer zur Verfügung stehende Heizleistungsreserve begrenzt werden. Im Zusammenhang mit Aufheizvorgängen kann diese Begrenzung ggf. unabhängig

[26] In der Simulation wird die gedämpfte Außentemperatur für die beiden betrachteten Systeme auf dieselbe Weise ermittelt und zwar über eine Verzögerungsfunktion 1. Ordnung mit einer Zeitkonstanten $T_1 = 5h$.

davon aufgehoben werden (Schnellaufheizfunktion). Für die Basisvarianten mit DZP erfolgt im Neu- und Altbau eine Festlegung der Heizkurve in Übereinstimmung zu den Basisvarianten mit TRV. Auf die Möglichkeit zur Schnellaufheizung wird verzichtet. Mit Ausnahme der Flure, welche hinsichtlich der Komfortanforderungen als untergeordnet einzustufen sind, werden alle Räume in die bedarfsgeführte Soll-Vorlauftemperaturregelung integriert. Auf der Basis geeigneter Rauminformationen wird auf den Versorgungszustand der einzelnen Verbraucher geschlossen und vom Wärmeerzeuger eine auf den Raum mit dem aktuell höchsten Wärmebedarf zugeschnittene Vorlauftemperatur angefordert.

In Systemen ohne Informationsvernetzung wird der Heizbetrieb des Wärmeerzeugers des Weiteren über die Vorgabe fester Nutzungszeit-Profile organisiert. In Anlehnung daran wird der Wärmeerzeuger in den simulierten Basisvarianten mit TRV täglich von 6 bis 22 Uhr eingeschaltet (entsprechend einer angenommenen täglichen Nutzungszeit von 7 bis 22 Uhr) und die Vorlauftemperatur nach Heizkurve angefordert[27]. Außerhalb dieser Nutzungszeiten geht der Wärmeerzeuger bei niedrigen Außentemperaturen (gedämpfter Wert unterhalb 5 °C) in den Absenkbetrieb und wird bei höheren ganz abgeschaltet. Im Absenkbetrieb wird die Soll-Vorlauftemperatur ausgehend von der Heizkurve um 15 K reduziert, jedoch minimal auf 40 °C. Dies entspricht einer gängigen Praxis, um das übermäßige (unkontrollierte) Auskühlen von Räumen während nächtlicher Absenkphasen zu vermeiden.

Bei bedarfsgeführter Wärmeerzeugeransteuerung erübrigt sich die Festlegung täglicher Heizzeiten. Die Betriebszeiten des Wärmeerzeugers folgen hier unmittelbar dem raumseitigen Bedarf.

Raumtemperaturregelung

Wie bereits in Abschnitt 2.3.1 erläutert, handelt es sich bei den herkömmlich zur Raumtemperaturregelung verwendeten Thermostatregelventilen um P(roportional)-Regler. Als Regelgröße wird dabei in der Simulation auf die Lufttemperatur der Räume zurückgegriffen. Dezentrale Pumpen können demgegenüber elektronisch geregelt werden. Hier wird von einem P(roportional)-I(ntegral)-Regelverfahren unter Bezugnahme auf die Empfindungstemperatur ausgegangen[28]. Das kommt den realen Verhältnissen am nächsten (was mit der üblichen Fühleranordnung und weiteren Einflüssen zusammenhängt, siehe diesbzgl. z. B. die Angaben bei Feist [89]). Bei Vorgabe einer Soll-Raumtemperatur von derselben Höhe würde sich daraufhin aber in einem Raum mit dezentraler Pumpe eine etwas höheren Lufttemperatur einstellen, als in einem thermostatisch geregelten. Für dezentrale Pumpen würde dies einen energetischen Mehraufwand bedeuten und die Vergleichbarkeit

27 Die Festlegung der 1-stündigen Anheizphase im Anschluss an die Nachtabschaltung bzw. -absenkung des Wärmeerzeugers beruht auf entsprechenden Testrechnungen mit dem Modellgebäude für beide Wärmeschutzniveaus (Basisvarianten von Neu- und Altbau). Es zeigt sich, dass die Vorlaufzeit von ca. 1 Stunde gerade genügt, damit an allen Tagen der Heizperiode die thermostatisch geregelten Räume zu Beginn der täglichen Komfortzeit ihre Solltemperatur erreicht haben.

28 Die Empfindungstemperatur wird als arithmetischer Mittelwert aus der Lufttemperatur eines Raumes und der Strahlungstemperatur seiner Umschließungsflächen im Raumknoten gebildet.

der Ergebnisse wäre nicht gegeben, da ein unterschiedlicher thermischer Komfort zugrunde liegt.

Zur Kompensation dieses Effektes erfolgt die Kalibrierung der Thermostatregelventile in der Simulation derart, dass unter stationären Auslegungsbedingungen die Empfindungstemperatur den vorgegebenen Sollwert erreicht. Die sich dabei einstellenden Fühlertemperaturen dienen im Zuge der dynamischen Berechnungen dann als konstante Sollwerte für die Thermostatregelventile. Es wird sozusagen eine ausgleichende Korrektur der Sollwerte für die Thermostatregelventile vorgenommen. Dies entspricht einer in Fachkreisen verbreiteten Vorgehensweise bei der numerischen Simulation von Thermostatregelventilen. Einschlägige Publikationen zur Energieeffizienz von Regeleinrichtungen, bspw. von HIRSCHBERG/KNABE/RICHTER [58], greifen darauf zurück.

Wie auch in der praktischen Anwendung, ist bei der Kalibrierung in der Simulation der Einfluss der Vorlauftemperatur von besonderer Bedeutung. Die Höhe der Vorlauftemperatur spielt bei der typischen Anordnung der Thermostatköpfe in Vorlaufnähe dahingehend eine Rolle, dass sie eine mehr oder weniger große Erhöhung der Fühlertemperatur bewirkt. Der Vorlauftemperatureinfluss ist im Altbau (Auslegungstemperatur 75 °C) etwas stärker ausgeprägt als im Neubau (Auslegungstemperatur 70 °C). Auch spielt die Entfernung eines Heizkörpers zum Wärmeerzeuger eine Rolle, da mit zunehmender Leitungslänge infolge der Rohrwärmeabgabe die Vorlauftemperatur am Heizkörper bzw. Thermostatventil abnimmt. Eine höhere Vorlauftemperatur bei der Kalibrierung führt bei ein und derselben Empfindungstemperatur des Raumes zu höheren Fühlertemperaturen bzw. Einstellwerten.

Funktionserweiterungen bei Verwendung vernetzter, dezentraler Pumpen

Wie im Abschnitt 2 dieser Arbeit ausführlich dargestellt, bestehen in vernetzten, elektronisch geregelten Systemen weitreichende Möglichkeiten zur Optimierung des Anlagenbetriebes. Dies gilt aufgrund der besonderen Anlagenhydraulik (drosselfreies System) um so mehr für vernetzte, dezentrale Pumpensysteme. Wesentliche Funktionalitäten zentraler Einzelraumregelsysteme sollen daher in die Simulation der Varianten mit dezentralen Pumpen integriert und hinsichtlich ihres Einflusses auf den Heizenergiebedarf untersucht werden. Zusätzlich zu den bereits erwähnten Regelfunktionen handelt es sich dabei in den Basisvarianten um:

- die Zeitplanfunktion der Sollraumtemperatur,
- die Anheiz- und Heiz-Ende-Optimierung,
- die Fensterlüftungserkennung und
- die bedarfsgeführte Anpassung des Massestromes im Wärmeerzeugerkreis (Primärmassestromregelung) zur Kompensation des Einflusses einer hydraulischen Weiche.

Tab. 3.1 fasst die in den Basisvarianten berücksichtigten Funktionalitäten zusammen. Die grundsätzliche Realisierung solcher Funktionalitäten ist bereits Gegenstand des Abschnittes

2. Zur konkreten Umsetzung im Rahmen der vorliegenden numerischen Untersuchungen sei hier auch auf Abschnitt 3.3.1.3 verwiesen.

Tabelle 3.1: In der Simulation vorgesehener Funktionsumfang der Systeme mit Thermostatregelventilen bzw. dezentralen Pumpen (Basisvarianten)

Funktionalität	TRV	DZP
Hydraulischer Abgleich	✓	✓
Soll-Vorlauftemperatur nach Heizkurve (mit Nachtabsenkung/-abschaltung)	✓	-
Vorgabe der Nutzungszeiten für den Wärmeerzeuger	✓	nicht benötigt
Bedarfsgeführte Soll-Vorlauftemperatur	-	✓
Zeitplansteuerung der Soll-Raumtemperatur	-	✓
Anheiz- und Heiz-Ende-Optimierung	-	✓
Automatische Lüftungserkennung	-	✓
Primärmassestromregelung	nicht benötigt	✓

Für Systeme mit dezentralen Pumpen sind mehrere Entwicklungs- bzw. Optimierungsstufen denkbar. Am vorteilhaftesten erscheint die Lösung massestromgeregelter dezentraler Pumpen mit einer Wärmeerzeugeransteuerung, welche den Einsatz des für marktgängige Brennwert-Wandgeräte typischen Überströmventiles zur Sicherung der erforderlichen Mindest-Umlaufwassermenge überflüssig macht. Man könnte dies als ein „Idealsystem" mit bestmöglicher Wärmeerzeugereinbindung bezeichnen (hier im Folgenden „Ausführung A" genannt).

Da die gegenwärtig am Markt angebotenen Brennwert-Wandgeräte mehrheitlich ein Überströmventil besitzen, erscheint es sinnvoll, weiterhin die Ausführung eines dezentralen Pumpensystems mit vorhandener Diagnose der hydraulischen Verhältnisse im Heiznetz, jedoch ohne ideale Wärmeerzeugereinbindung zu betrachten („Ausführung B"). Denkbar ist darüber hinaus eine vereinfachte Version des dezentralen Pumpensystems, bei welcher auf eine kontinuierliche Diagnose der hydraulischen Verhältnisse in der Anlage verzichtet wird („Ausführung C").

Tabelle 3.2: Wesentliche Eigenschaften denkbarer Ausführungsarten von Systemen mit dezentralen Pumpen

Ausführungsart DZP	A ("ideal")	B	C (vereinfacht)
Diagnose der Hydraulik	✓	✓	-
Überströmventil	nicht benötigt	✓	✓

Für alle drei Entwicklungsstufen soll das Einsparpotential an Heizenergie abgeschätzt werden. Tab. 3.2 gibt einen Überblick über die wesentlichen Unterschiede zwischen den gedachten Ausführungsarten dezentraler Pumpensysteme. Die Ausführung B bildet später den Ausgangspunkt für die Untersuchungen zum Einfluss unterschiedlicher Betriebsweisen, Nutzungsarten und Gebäudetypen auf das Einsparpotential vernetzter, dezentraler Pumpen.

Nutzerverhalten und interne Wärmegewinne

Komfortzeiten und -temperaturen

Messungen in Wohngebäuden in Deutschland führten in der Vergangenheit häufig zu dem Ergebnis, dass die Raumtemperaturen durchschnittlich Werte in der Größenordnung von 20°C annehmen (siehe hierzu bspw. Untersuchungsergebnisse des IWU (Institut für Wohnen und Umwelt) [75] und von ERHORN [42]). Dieser Mittelwert hat in verschiedene Regelwerke zur Heizlastberechnung und zur energetischen Bewertung von Gebäuden Eingang gefunden (z.B. in den Nationalen Anhang von DIN EN 12831 [33], in DIN V 18599 [25] oder den „Leitfaden Energiebewusste Gebäudeplanung" (LEG) [59]). Weiterhin lässt sich eine recht große Streuung der gemessenen Raumtemperaturen um den Mittelwert feststellen, was in erster Linie auf ein variierendes Nutzerverhalten zurückzuführen ist.

In Anlehnung an die normativen Festlegungen wird im Rahmen der vorliegenden numerischen Untersuchungen für die beheizten Räume eine Solltemperatur von 20 °C gewählt. Für solche mit spezieller Nutzung (Bad) oder üblicherweise niedrigeren Komfortanforderungen (Flure) werden abweichend davon höhere bzw. niedrigere Solltemperaturen vereinbart.

Die Festlegung des zeitlichen Verlaufes der Sollraumtemperaturen erfolgt in Abhängigkeit der Möglichkeiten der untersuchten Regelsysteme bei Berücksichtigung einer angenommenen Anwesenheit der Nutzer. Diese Vorgehensweise stellt sicher, dass Funktionalitäten zur Unterstützung eines energiesparenden Nutzerverhaltens im Rahmen des Systemvergleichs Berücksichtigung finden. Dabei wird für das dezentrale Pumpensystem und den konventionellen Vergleichsfall ein identisches Nutzerverhalten zugrundegelegt. Es wird in beiden Fällen von einem Nutzer ausgegangen, der nicht aktiv in die Raumtemperaturregelung eingreift.

Die elektronische Regelung dezentraler Pumpen erlaubt die Anwendung einer Zeitplanfunktion der Soll-Raumtemperatur in Verbindung mit einer adaptiven Anheiz- und Heiz-Ende-Optimierung. In Abhängigkeit der zu erwartenden Anwesenheit der Nutzer sollen entsprechende Wochenzeitpläne umgesetzt werden. Auf diese Weise kann dem Nutzer während seiner Aufenthaltszeit in den Räumen der gewünschte thermischer Komfort geboten und bei Abwesenheit weitestmöglich abgesenkt werden. Hierzu bedarf es keines Nutzereingriffes.

Für die Simulation der Basisvariante mit DZP werden die in Abb. 3.5 dargestellten Sollwertprofile gewählt. Dabei wird von einer Abwesenheit der Nutzer an Werktagen über mehrere Stunden und durchgehender Anwesenheit an den Wochenenden ausgegangen. Dies entspricht bspw. einem typischen Nutzungsprofil werktätiger Familien.

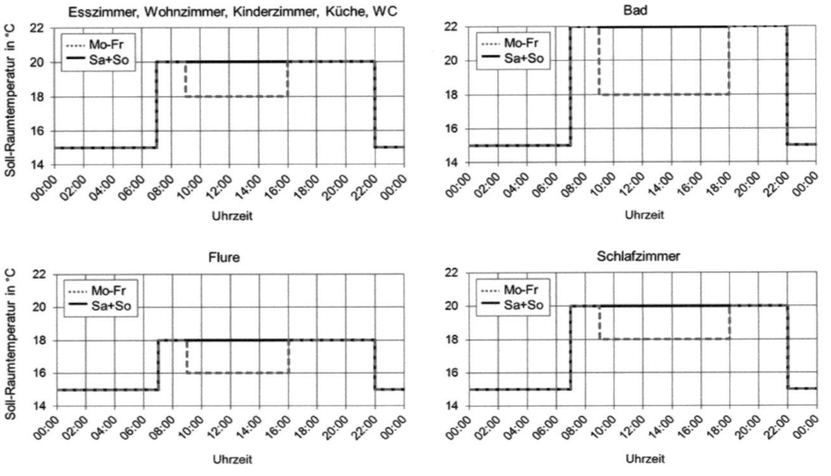

Abb. 3.5: Tagesgänge der Soll-Raumtemperaturen in den Basisvarianten mit dezentralen Pumpen

Demgegenüber erfordert eine zeitabhängige Verstellung der Soll-Raumtemperaturen bei herkömmlicher, thermostatischer Raumtemperaturregelung regelmäßig den Eingriff des Nutzers. Für die vorliegenden numerischen Untersuchungen wird davon nicht ausgegangen, wofür folgende Gründe sprechen:

- Der manuelle Aufwand zum täglich mehrmaligen Öffnen und Schließen der Ventile wird in der Praxis häufig gescheut.
- Es existiert keine genaue Rückkopplung zwischen dem Einstellwert der Ventile und der resultierenden Raumtemperatur (siehe Abb. 3.6).
- Beim Öffnen des Ventiles nach Abwesenheit wird die erforderliche Wiederaufheizzeit nicht toleriert[29].

Aufgrund dieser Überlegungen werden die Soll-Raumtemperaturen der thermostatisch geregelten Räume in der Simulation durchgängig (24 h/d) in Höhe der Soll-Raumtemperaturen der Komfortzeiten im Vergleichsfall mit dezentralen Pumpen gewählt. Das entspricht einer Soll-Raumtemperatur von 20 °C für alle Räume, mit Ausnahme des Bades (22 °C) und der Flure (18 °C). Auf diese Sollwerte werden die Thermostatregelventile eingestellt bzw. kalibriert. In den Nachtstunden wird über die zentrale Absenkung der Vorlauftemperatur bzw. die Abschaltung des Wärmeerzeugers eine Absenkung der Raumtemperaturen erreicht.

29 Bei elektronischer Regelung mit Anheizoptimierung kann demgegenüber durch eine automatische, adaptive Vorverlegung des Anheizzeitpunktes sichergestellt werden, dass die gewünschte Raumtemperatur zu Beginn der Komfortzeit erreicht ist.

Ähnliche Randbedingungen für den Referenzfall eines konventionellen Heizsystems mit thermostatischer Raumtemperaturregelung wählt bspw. auch KRAFT in [70] für numerische Untersuchungen zum Einsparpotential zentraler Einzelraumregelsysteme. In Bezug auf das Nutzerverhalten geht der Autor davon aus, dass die Einstellung der Thermostatregelventile durch den Nutzer nur bei längerer Abwesenheit von 24 Stunden und mehr verändert wird.

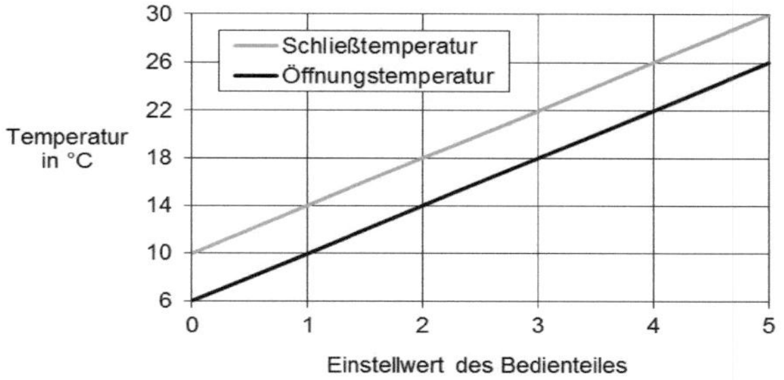

Abb. 3.6: Theoretische Schließ- und Öffnungstemperatur eines Thermostatregelventiles in Abhängigkeit vom Einstellwert des Bedienteiles bei Auslegung auf einen Proportionalbereich von 2 K und einen Hub von 50%

Zum Einfluss des Nutzerverhaltens auf den Heizenergiebedarf existieren im Zusammenhang mit Thermostatregelventilen bereits zahlreiche Studien, bspw. von RICHTER [40], FEIST [45] und LÜDEMANN [73]. Daher wird im Rahmen dieser Arbeit auf eine weiterführende Variation des Nutzerverhaltens im Referenzsystem mit thermostatischer Raumtemperatur-Regelung verzichtet. Eine Änderung des relativen Einsparpotentiales dezentraler Pumpen bei abweichendem Nutzerverhalten im Referenzfall mit Thermostatregelventilen kann anhand der diesbezüglich vorliegenden Untersuchungsergebnisse anderer Autoren abgeschätzt werden.

Fensterlüftungsverhalten

Die Lüftungswärmeverluste resultieren aus dem Luftaustausch zwischen dem Inneren eines Gebäudes und seiner äußeren Umgebung. In der überwiegenden Anzahl der Wohngebäude in Deutschland findet eine freie Lüftung statt[30]. Der sich dabei einstellende, sogenannte Außenluftwechsel findet zum Einen über die Fugen von Fenstern, Türen und Mauerwerk statt und stellt sich weiterhin als Folge des Lüftungsverhaltens der Nutzer ein. In der Simulation wird Ersteres vereinfachend mit Hilfe eines ganztägig und jahreszeitlich konstanten Grundluftwechsels nachgebildet. Dieser wird in Anlehnung an diesbezügliche Angaben aus der Literatur (Erfahrungswerte und Messdaten) für den Neubau zu 0,1 h^{-1} und für den Altbau zu 0,2 h^{-1} festgelegt.

[30] Eine Studie aus dem Jahr 2002 [96] beziffert den Anteil der freien Lüftung für den Gebäudebestand auf 80 %.

Zum Lüftungsverhalten und den damit verbundenen Luftvolumenströmen existieren zahlreiche Veröffentlichungen, die mehrheitlich zu dem Ergebnis kommen, dass die Bandbreite des Fensterlüftungsverhaltens extrem groß ist. Es lässt sich kein einheitliches Lüftungsverhalten feststellen. Manche Nutzer verkürzen mit sinkender Außentemperatur die Dauer der Fensterlüftung. Andere neigen eher dazu, die Fenster weniger weit zu öffnen (Kipp- statt Drehstellung). Man könnte vermuten, dass der Nutzer intuitiv eine Anpassung an den Umstand vornimmt, dass sich mit steigender Temperaturdifferenz zwischen innen und außen die Triebkraft für den Luftvolumenstrom erhöht. Darüber hinaus besteht womöglich ein Zusammenhang zur solaren Einstrahlung. Diesbezüglich motiviert insbesondere eine weniger flinke und präzise Raumtemperaturregelung den Nutzer zum Ablüften erhöhter solarer Wärmeeinträge.

Bei der Nachbildung der Fensterlüftung in der Simulation wird vorliegend davon ausgegangen, dass die Nutzer zweimal täglich (morgens und abends) eine halbstündige Stoßlüftung durchführen und zwar in allen beheizten Räumen (mit Ausnahme der fensterlosen Flure). Die Höhe des durch Stoßlüftung verursachten Luftwechsels wird dabei an die Außentemperatur gekoppelt. Die Umsetzung von Lüftungsphasen variabler Dauer ist in der Simulation mit den vorhandenen Modellen schwierig, weshalb hier die Höhe des Luftwechsels bei gleichbleibender Dauer der Lüftungsvorgänge verändert wird. In Anlehnung an Untersuchungsergebnisse von Hausladen [55] wird dies in der Simulation vereinfacht über einen linearen Zusammenhang nachgebildet, bei dem sich im Heizperiodenmittel ein Außenluftwechsel der Stoßlüftungsphasen von ca. 3 h^{-1} einstellt und unterhalb einer Außentemperatur von -10 °C keine Fensterlüftung mehr stattfindet (Abb. 3.7).

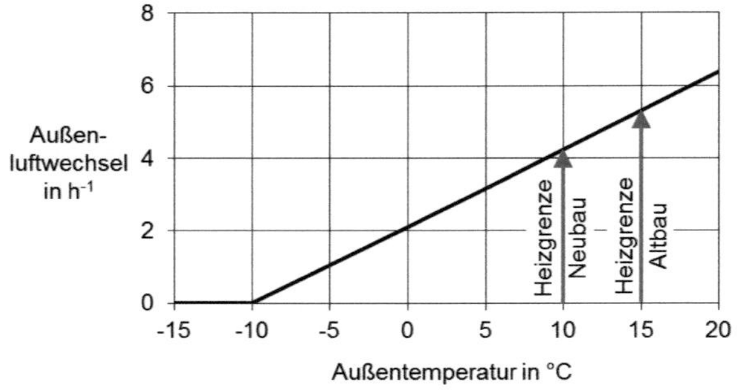

Abb. 3.7: Außenluftwechsel in Abhängigkeit der Außentemperatur (Stoßlüftung)

Entscheidend für den sich in der Realität einstellenden Luftvolumenstrom sind die Winddruck- und Temperaturverhältnisse am Gebäude, wobei der Temperatureinfluss bei kleinen Windgeschwindigkeiten dominiert. Umfassende Betrachtungen zu dieser Thematik finden sich u. a. bei Maas [76], Oppermann [81] und Gritzki [53]. Da für energetische Untersuchungen einer gesamten Heizperiode oder länger die Integration eines Raumluftströmungsmodelles in die Simulation wegen des damit verbundenen, enormen Rechenaufwandes unzweckmäßig ist, müssen die Luftvolumenströme mit Hilfe definierter Luftwechselraten vorgegeben werden. Der in Abb. 3.7 wiedergegebene Zusammenhang zwischen Außenluftwechsel und Außentemperatur widerspricht den rein physikalischen Verhältnissen (ohne Nutzer), wird aber den realen Gegebenheiten bei Beachtung des zu erwartenden Nutzerverhaltens eher gerecht.

Der durch Grund- und Stoßlüftung hervorgerufene Luftwechsel erreicht damit während der in der Simulation zugrunde gelegten Anwesenheitszeit der Nutzer am Tage einen durchschnittlichen Wert von 0,44 h^{-1} im Neubau und 0,54 h^{-1} im Altbau, was dem im Nationalen Anhang von DIN EN 12831 (Heizlastberechnung) [33] geforderten, hygienisch und bauphysikalisch begründeten Mindestluftwechsel nahe kommt[31]. Abb. 3.8 veranschaulicht den prinzipiellen Tagesgang des Außenluftwechsels der Räume mit Stoßlüftung in der Simulation.

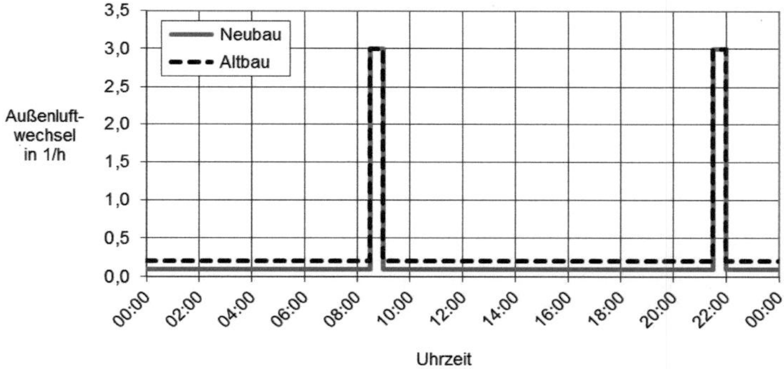

Abb. 3.8: Beispielhafter Tagesgang des Außenluftwechsels im Alt- und Neubau bei einer Außentemperatur von ca. 4 °C

Des Weiteren wird davon ausgegangen, dass im Zusammenhang mit Stoßlüftungsvorgängen keine Sollwertverstellung der Raumtemperatur durch den Nutzer erfolgt. Die Erfahrungen der Praxis zeigen, dass die wenigsten Nutzer ihre Thermostatregelventile schließen oder niedriger einstellen, während sie lüften (siehe hierzu bspw. die Feldergebnisse des EnSan-Projektes [39]). Von derselben Annahme gehen auch andere theoretische Arbeiten zur Bewertung des Einsparpotentials einer automatischen Lüftungserkennung aus (siehe [70]).

Interne Wärmegewinne

Ein Teil der Heizlast eines Raumes bzw. Gebäudes wird durch Wärme abgedeckt, welche anwesende Personen, Beleuchtung und elektrische bzw. elektronische Geräte an ihre

31 In anderen technischen Regelwerken finden sich teilweise höhere Angaben für den energetisch wirksamen Außenluftwechsel natürlich belüfteter Gebäude von bis zu 0,8 h^{-1}. Dies spiegelt die Schwierigkeiten bei der Festlegung eines einheitlichen Maßstabes für den vom Nutzer beeinflussten Außenluftwechsel wider.

Umgebung abgeben. Abb. 3.9 gibt einen Überblick über die für die numerischen Untersuchungen angenommenen Tagesverläufe der internen Wärmegewinne. Der flächenbezogene Mittelwert des Wärmestromes in die beheizten Zonen beträgt ca. $5\ W/m^2$ und entspricht damit den in DIN 4108-6 [31] beschriebenen typischen Verhältnissen für Wohngebäude in Deutschland.

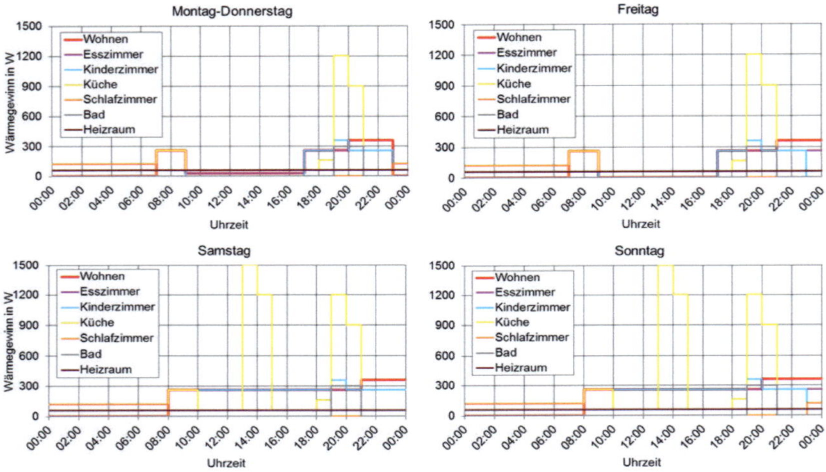

Abb. 3.9: Tagesgang der internen Wärmegewinne in den Basisvarianten

An den Wochenenden wird von durchschnittlich höheren Wärmeeinträgen ausgegangen als werktags, da diese Tage üblicherweise von einer längeren täglichen Aufenthaltszeit der Personen und einer intensiveren Benutzung elektrischer Geräte (zum Kochen, Waschen usw.) bzw. Licht gekennzeichnet sind. Für die Simulation wird des Weiteren festgelegt, dass die internen Wärmegewinne jeweils zur Hälfte per Konvektion und Strahlung in den Raum übergehen.

Wetter, Simulationszeitraum und Datenauswertung

DIN 4710 [30] beinhaltet für energetische Berechnungen der Heiz- und Raumlufttechnik eine Unterteilung Deutschlands in 15 Klimazonen mit entsprechenden Repräsentanzstationen. Für die vorliegenden Untersuchungen wird auf ein Testreferenzjahr der Klimazone 4 (Norddeutsches Tiefland, Repräsentanzstation Potsdam) zurückgegriffen, welches die mittleren klimatischen Verhältnisse in Deutschland recht gut widerspiegelt. Abb. 3.10 markiert das zugehörige Territorium. In die numerischen Berechnungen gehen neben der Außentemperatur als weitere Größen die die diffuse sowie die richtungsabhängige direkte Solarstrahlung ein. Die Richtungsabhängigkeit der diffusen Strahlung kann vernachlässigt werden.

Der Simulationszeitraum umfasst insgesamt ca. 7000 Stunden bzw. 9 Monate und 3 Wochen, wovon 3 Wochen im August als Einschwingphase des Gebäudes fungieren, um quasistationäre Verhältnisse zu schaffen[32]. Die folgenden 9 Monate (September bis Mai) werden zur Auswertung herangezogen. In die energetischen Betrachtungen fließen sämtliche in diesem Zeitraum erfassten Heizmedien- und Wärmeströme bzw. Energie- und Brennstoffmengen ein.

Abb. 3.10: Einteilung der Bundesrepublik Deutschland in 15 Klimazonen nach DIN 4710

Um den Raumtemperaturkomfort und die Qualität der Raumtemperaturregelung der zu vergleichenden Systeme möglichst fair und unverzerrt bewerten zu können, werden innerhalb des erwähnten Auswerte-Zeitraumes nur solche Raumtemperaturen berücksichtigt, die im Zusammenhang mit einem „normalen" Regelbetrieb stehen. Zu diesem Zweck erfolgt zu jedem gerechneten Zeitschritt eine Bewertung der Aussagekraft der festgestellten Temperaturen anhand mehrerer Kriterien. Im Einzelnen wird geprüft, ob

- die gedämpfte Außentemperatur unterhalb der Heizgrenze liegt (es herrscht kein Sommerbetrieb),

32 Die erforderliche Einschwingphase hängt von der Wärmeleit- und Speicherfähigkeit der Baukonstruktion ab und soll im Sinne möglichst kurzer Rechenzeiten nicht unnötig ausgedehnt werden. Die vorgenommene Festlegung basiert auf Testrechnungen mit Vorlaufzeiträumen zwischen 1 und 8 Wochen. Es zeigt sich, dass ca. 3 Wochen als Einschwingphase ausreichen, um für das Modellgebäude einen relevanten Einfluss der thermischen „Vorgeschichte" auf die zu Simulationsergebnisse ausschließen zu können.

- der Zeitpunkt sich innerhalb der täglichen Komfortzeit (7-22 Uhr) befindet,
- aktuell kein Stoßlüften bzw. ein anschließendes Wiederaufheizen stattfindet[33],
- sofern es sich um einen Raum mit dezentraler Pumpe handelt, dieser sich (werktags) nicht in der Anheizphase für den zweiten Komfortzeitraum des Tages befindet,
- das Thermostatregelventil nicht vollständig geschlossen bzw. die dezentrale Pumpe nicht abgeschaltet ist.

Nur wenn alle genannten Kriterien für einen Raum erfüllt sind, fließt dessen Empfindungstemperatur zum jeweiligen Zeitschritt in die Auswerteroutinen ein. Durch den Ausschluss von Zeiträumen mit geschlossenen Thermostatregelventilen bzw. abgeschalteten dezentralen Pumpen soll vermieden werden, dass Raumtemperaturen in die Bewertung mit eingehen, welche sich längere Zeit deutlich oberhalb des Sollwertes bewegen (z. B. im Zusammenhang mit erhöhten solaren Wärmeeinträgen in der Übergangszeit oder bei dezentralen Pumpen während der Tagabsenkphasen) und sonst irrtümlich als positive Regelabweichung interpretiert würden. Arbeitet ein Ventil im Schließbereich bzw. eine Pumpe im Bereich ihrer Mindestdrehzahl mit vergleichsweise kurzen Abschaltzeiten (zweipunktähnliches Regelverhalten), so bleiben aufgrund der getroffenen Festlegung dabei auftretende große „Überschwinger" der Raumtemperatur unberücksichtigt. Das Regelverhalten wird folglich etwas zu gut bewertet.

Dies betrifft ggf. beide Arten der Raumtemperaturregelung, vor allem aber die thermostatische, da die elektronische Raumtemperatur-Regelung bei einer entsprechenden Parametrierung wesentlich flinker reagiert und überdies Prognosefunktionen integriert, welche einem starken Über- bzw. Unterschreiten der Soll-Raumtemperatur im Taktbetrieb entgegenwirken.

In der Simulation der Basisvarianten mit DZP findet eine Anheiz- und Heiz-Ende-Optimierung statt. Es handelt sich hierbei um eine selbstlernende Funktion. Solche Funktionen führen erst nach einer ausreichenden Lernphase zu optimalen Ergebnissen. Für die Berechnungen mit dezentralen Pumpen wird deshalb die erste Heizperiode ausschließlich zum Anlernen der Funktion verwendet. Im Anschluss wird eine zweite Heizperiode (mit identischen Randbedingungen) simuliert und nur diese fließt in die Auswertung ein. Daraus resultiert ungefähr eine Verdopplung des Simulationszeitraumes für die Basisvarianten mit DZP auf ca. 15800 Stunden bzw. 22 Monate (inkl. der Sommermonate ohne Heizbetrieb). Der Auswertezeitraum verschiebt sich gegenüber den Varianten mit TRV um genau 1 Jahr nach hinten.

Die Zeitschrittweite der gekoppelten numerischen Gebäude- und Anlagensimulation wird für alle Variantenrechnungen zu 1 Minute festgelegt. Die Dynamik von Heizsystemen lässt sich sowohl bei thermostatischer als auch elektronischer Raumtemperaturregelung mit dezentralen Pumpen mit Zeitschrittweiten in der Größenordnung von 30...60 s erfahrungsgemäß gut abbilden.

[33] Der halbstündige Stoßlüftungsvorgang sowie die darauffolgende halbe Stunde (pauschal) werden aus der Auswertung ausgenommen.

3.3.1.3 Numerische Umsetzung ausgewählter Funktionalitäten

Im Vorfeld numerischer Untersuchungen zum Energiebedarf eines Systems muss geprüft werden, ob das Zusammenspiel aus Heizungsanlage, Regelsystem, Gebäudedynamik, Witterungseinflüssen und Nutzerverhalten in der Simulation tatsächlich den Vorgaben und dem Zweck entsprechend umgesetzt ist. Darüber hinaus ist unter dem Gesichtspunkt einer ausreichenden Regelgüte auf die Wahl geeigneter Regelparameter (Proportionalfaktoren, Nachstellzeiten, Hysteresen u. a.) zu achten. Der Festlegung der Regelparameter gehen in der Simulation umfangreiche Tests unter variablen Randbedingungen und verschiedensten Lastverhältnissen bzw. Lastwechseln voraus. Dabei wird der Schwerpunkt weniger auf eine optimale Reaktion auf Einzeleffekte, sondern vielmehr auf ein möglichst breites Einsatzspektrum mit stabilem Regelverhalten gelegt.

Die korrekte Umsetzung der zu untersuchenden Regelsysteme in der Simulation wird stichprobenartig analysiert. An dieser Stelle werden zunächst nur die für die Basisvarianten vorgesehenen Funktionalitäten gezeigt. Für das DZP-System handelt es sich dabei um

- die Raumtemperaturregelung nach Zeitplan mit Anheiz- und Heiz-Ende-Optimierung,
- die bedarfsabhängige Soll-Vorlauftemperaturregelung mit der Heizkurve als Obergrenze,
- die Fensterlüftungserkennung (per Schaltkontakt).

Die Primärmassestromregelung wird in der Simulation zwecks Minimierung des Rechenaufandes nicht explizit nachgebildet. Vielmehr wird vereinfachend davon ausgegangen, dass diese Regelfunktion optimal wirkt und der Massestrom im Wärmeerzeugerkreis stets mit dem des Heiznetzes übereinstimmt.

Für die Simulation mit TRV sind folgende Regelfunktionen zu überprüfen:

- die thermostatische Raumtemperaturregelung,
- die Soll-Vorlauftemperatur nach Heizkurve und
- die Nachtabsenkung bzw. -abschaltung des Wärmeerzeugers.

Raumtemperaturregelung

Wie bereits erwähnt, soll im Rahmen der numerischen Untersuchungen zum dezentralen Pumpensystem von einer elektronischen Raumtemperaturregelung (PI-Regelverfahren) mit Sollwertvorgabe nach Zeitplan und adaptiver Anheiz- und Heiz-Ende-Optimierung ausgegangen werden. Abb. 3.11 zeigt als Beispiel den simulierten Tagesgang der Temperatur eines Raumes mit dezentraler Pumpe an einem Werktag (mit Tagabsenkphase). Darin ist gut zu erkennen, wie der Komfortbereich der gewünschten Raumtemperatur jeweils zu Beginn einer Nutzungszeit erreicht und zu deren Ende verlassen wird. Die Zeitpunkte für Heizbeginn und -ende werden korrekt adaptiert. Im Regelbetrieb wird die Soll-Raumtemperatur präzise ausgeregelt. Durch die adaptive Vorverlagerung des Heiz-Endes kann die Pumpe bereits vor dem Ende der Komfortzeitraumes abschalten. Außerhalb der Komfortzeiten bleibt die Pumpe durchgängig ausgeschaltet, da der betreffende Raum nur langsam auskühlt. Der kurzzeitige Anstieg der Raumtemperatur während der Absenkphase am Vormittag ist auf die Wirkung solarer Wärmegewinne zurückzuführen.

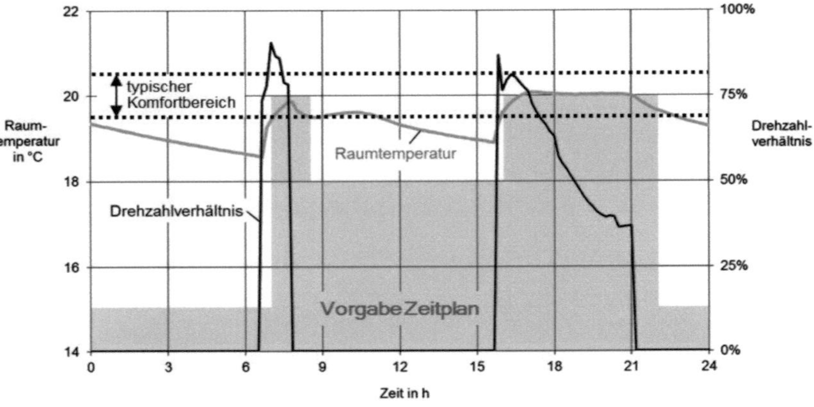

Abb. 3.11: Regelung der Raumtemperatur nach Zeitplan mit Anheiz- und Heiz-Ende-Optimierung (ausgewähltes Beispiel, Basisvariante Neubau-DZP)

Abb. 3.12 stellt dem exemplarisch einen Tagesgang mit thermostatischer Raumtemperaturregelung gegenüber (konventioneller Referenzfall). Es zeigt sich ein für Thermostatregelventile typisches Regelverhalten. Den überwiegenden Teil der Heizzeit findet eine mehr oder weniger starke Überheizung statt. Die Ursachen für ein solches Regelverhalten werden bereits in Abschnitt 2.3.1 ausführlich diskutiert.

Die Abbildung veranschaulicht darüber hinaus das Zusammenwirken der thermostatischen Raumtemperaturregelung mit der außentemperaturgeführten Soll-Vorlauftemperatur des Wärmeerzeugers (nach Heizkurve). In den Nachtstunden wird der Wärmeerzeuger im vorliegenden Fall abgeschaltet, weshalb der Raum mit Thermostatregelventil auf ähnliche Weise auskühlt wie mit dezentraler Pumpe.

Im Gegensatz zur dezentralen Pumpe schließt das Ventil in den Nachtstunden jedoch nicht. Es öffnet, um eine unkontrollierte, möglicherweise zu starke Raumauskühlung zu verhindern. Bei niedrigeren Außentemperaturen, wenn der Wärmeerzeuger (abweichend vom dargestellten Beispiel) nachts eine abgesenkte Vorlauftemperatur bereitstellt, wird der Raum in den Nachtstunden mit reduzierter Leistung beheizt. Die Raumtemperatur kann dadurch weniger weit abgesenkt werden als im Vergleichsfall mit elektronisch geregelter dezentraler Pumpe.

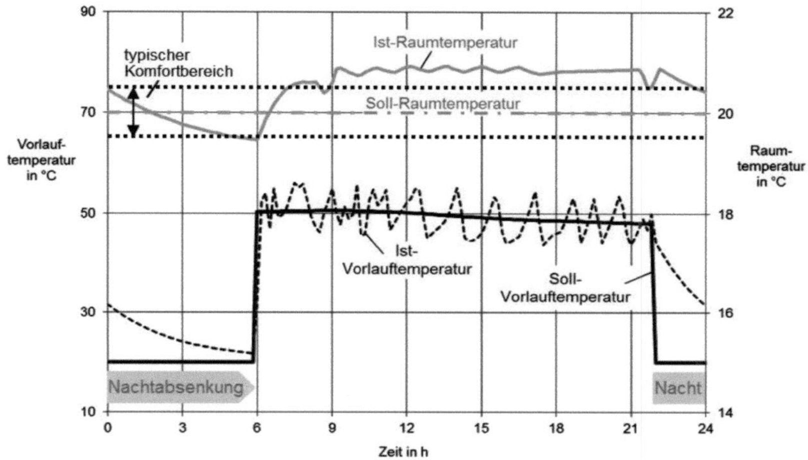

Abb. 3.12: Tagesgang der Raum- und Vorlauftemperatur (ausgewähltes Beispiel, Basisvariante Neubau-TRV)

Soll-Vorlauftemperaturregelung

In der Simulation mit dezentralen Pumpen wird von einer bedarfsabhängigen Soll-Vorlauftemperaturregelung im Bereich zwischen einer minimalen Vorlauftemperatur und der außentemperaturgeführten Heizkurve ausgegangen. Abb. 3.13 dokumentiert einen typischen Tagesgang der Soll-Vorlauftemperatur im simulierten DZP-System an einem Werktag (mit Tagabsenkung der Raumtemperaturen).

Wie zu erkennen ist, bewegt sich die bedarfsgeführte Vorlauftemperatur die überwiegende Zeit des Tages deutlich unterhalb der Heizkurve. Die Vorlauftemperatur nach Heizkurve wird nur bei Bedarfsspitzen angefordert. Diese treten tendenziell morgens bei Heizbeginn und abends bei Anhebung der Sollraumtemperaturen oder Wegfall von solaren Wärmegewinnen auf. In Zeiträumen mit einem geringen oder fehlenden Wärmebedarf fährt der Wärmeerzeuger eine abgesenkte Temperatur bzw. wird abgeschaltet. Der Wärmeerzeuger arbeitet modulierend, geht jedoch bei sehr geringer Belastung in den Taktbetrieb über und kann dann den Vorgaben nur eingeschränkt folgen.

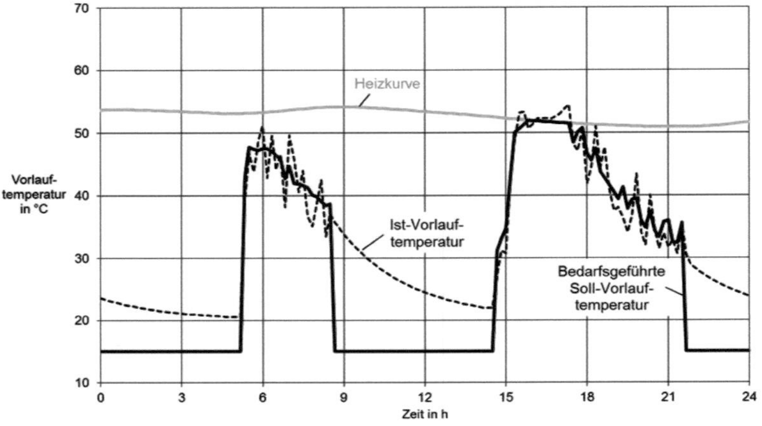

Abb. 3.13: Tagesgang der bedarfsgeführten Soll-Vorlauftemperatur an einem Werktag (ausgewähltes Beispiel, Basisvariante Neubau-DZP)

Abb. 3.14 veranschaulicht das Zusammenspiel von Raum- und Vorlauftemperaturregelung des simulierten Heizsystems mit dezentralen Pumpen. Für das Referenzsystem mit Thermostatregelventilen und Vorlauftemperatur nach Heizkurve geht dies bereits aus Abb. 3.12 hervor.

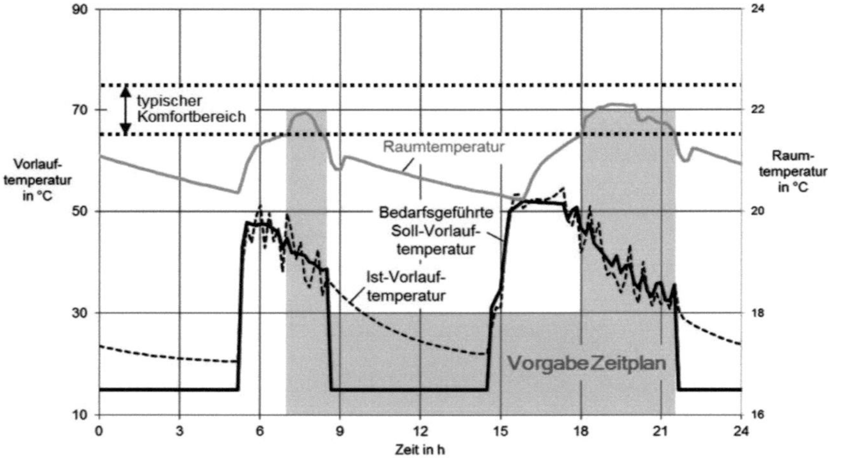

Abb. 3.14: Tagesgang der Raumtemperatur mit bedarfsgeführter Soll-Vorlauftemperatur an einem Werktag (ausgewähltes Beispiel, Basisvariante Neubau-DZP)

Die sich unter den gewählten Randbedingungen im Verlauf einer Heizperiode einstellenden Soll-Vorlauftemperaturen des simulierten dezentralen Pumpensystems (mit Bedarfsanpassung) zeigt Abb. 3.15 am Beispiel des EFH-Neubaus. Die blaue Punktwolke markiert die vom Wärmeerzeuger angeforderten Vorlauftemperaturen bei Heizbetrieb (Stundenmittelwerte). Die Darstellung enthält weiterhin die berechneten Werte der außentemperaturgeführten Heizkurve, welche zur Leistungsbegrenzung verwendet wird (rot markiert). Für den Altbau lassen sich unter Beachtung der entsprechenden Heizgrenz- und Auslegungstemperaturen äquivalente Verhältnisse feststellen. Es wird deutlich, dass sich das erforderliche Vorlauftemperaturangebot keiner bestimmten Kennlinie zuordnen lässt. Bei einer reinen Kennlinienadaption (bspw. in Form einer Heizkurvenadaption) könnte die Soll-Vorlauftemperatur dem tatsächlichen raumseitigen Wärmebedarf nur eingeschränkt folgen.

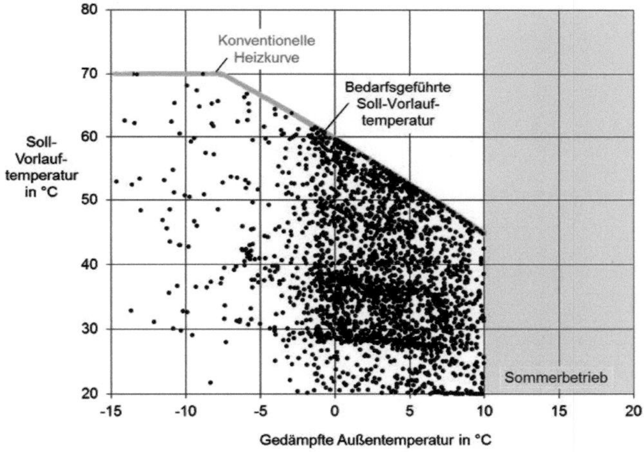

Abb. 3.15: Bedarfsgeführte Soll-Vorlauftemperaturen in der Basisvariante Neubau-DZP (Stundenmittelwerte einer Heizperiode)

Abb. 3.16 stellt zum Vergleich das Anforderungsniveau des Wärmeerzeugers in der Simulation des Referenzsystems mit Thermostatregelventilen dar (EFH-Neubau). Für den Altbau lässt sich wiederum ein vergleichbares Bild zeichnen.

In der Auswertung zeigen sich an der Heizgrenze (10 °C) und an der Nachtabsenkgrenze (5°C) Sollwerte, welche zwischen der Heizkurve bzw. der abgesenkten Heizkurve und der Ausschalttemperatur liegen. Solche Sollwertvorgaben erhält der Wärmeerzeuger konventionell nicht. Ihr Vorhandensein in der Auswertung lässt sich mit der Darstellung von Stundenmittelwerten begründen. Diese setzen sich anteilig aus Soll-Vorlauftemperaturen unterhalb der jeweiligen Außentemperaturgrenze (nach Heizkurve bzw. abgesenkter Heizkurve) zusammen und solchen oberhalb der Außentemperaturgrenzen (Ausschalttemperatur).

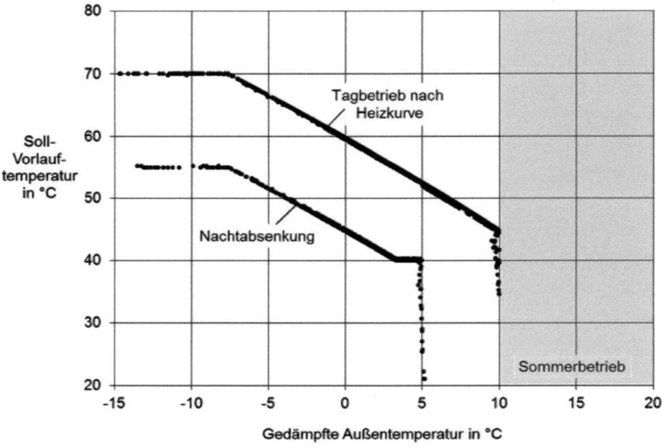

Abb. 3.16: Soll-Vorlauftemperatur nach Heizkurve mit Nachtabsenkung bzw. -abschaltung in der Basisvariante Neubau-TRV (Stundenmittelwerte einer Heizperiode)

Fensterlüftungserkennung

Bei der Umsetzung des dezentralen Pumpensystems in der Simulation soll von der Möglichkeit zur Detektion von Fensterlüftungsvorgängen mit anschließender Unterbrechung der Wärmezufuhr an den betreffenden Raum ausgegangen werden. Das Erkennen eines geöffneten Fensters kann theoretisch bspw. über eine Bewertung des Raumtemperaturverlaufes erfolgen oder durch an den Fenstern befindliche Schaltkontakte (siehe Abschnitt 2.3.4).

Im Gegensatz zur erstgenannten Lösung unterliegt die Sicherheit der Lüftungserkennung per Fensterkontakt nicht dem Einfluss der Außentemperatur sowie der Fühleranordnung- und trägheit. Um solche Unwägbarkeiten bei den vorliegenden numerischen Untersuchungen ausschließen zu können, wird die Ausstattung der Fenster mit Kontakten angenommen[34]. Die Umsetzung in der Simulation erfolgt durch Ankopplung der Schaltzustände der Fensterkontakte an die Zeitplanvorgaben der Stoßlüftungsphasen. Abb. 3.17 verdeutlicht die Reaktion einer simulierten dezentralen Pumpe auf Fensterlüftungsvorgänge.

34 Die hinreichend genaue Nachbildung einer sich in der realen Anwendung einstellenden Lüftungserkennung mit Hilfe des Raumtemperatursensors (ohne Fensterkontakt) würde die Einbeziehung der Raumluftströmung in die Simulation erfordern. Längere Rechnungen über mehrere Monate sind mit Strömungssimulation wegen des damit verbundenen enormen Rechenaufwandes jedoch nicht durchführbar.

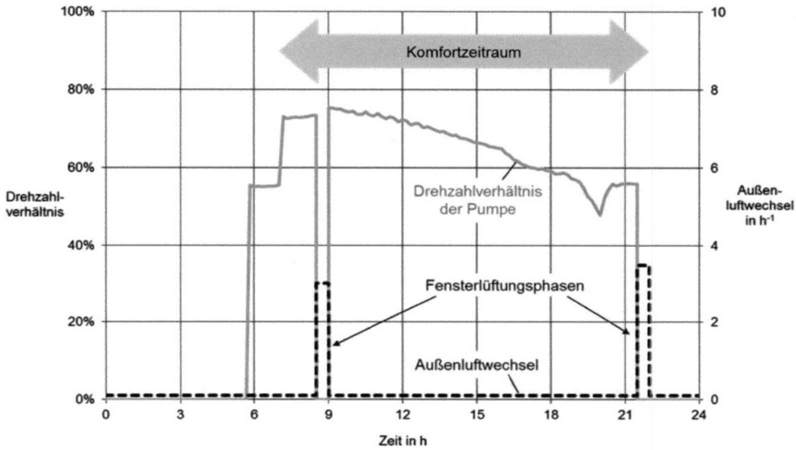

Abb. 3.17: Reaktion dezentraler Pumpen auf detektierte Fensterlüftungsvorgänge (ausgewähltes Beispiel, Basisvariante Neubau-DZP)

3.3.1.4 Simulationsergebnisse (Basisvarianten)

Zur Analyse der Simulationsergebnisse werden zunächst die ermittelten Heizenergiebedarfswerte der verschiedenen Entwicklungs- bzw. Optimierungsstufen eines dezentralen Pumpensystems (Ausführung A / B / C) dem eines Heizsystems mit herkömmlichen Thermostatregelventilen vergleichend gegenübergestellt. Dabei wird jeweils das Modell-Einfamilienhaus in der Ausführung als hochwärmegedämmter Neubau und als weniger gut gedämmtes Bestandsgebäude betrachtet. Dem schließt sich eine Beurteilung der Raumtemperatur-Regelgüte der unterschiedlichen Systeme an. Auf diese Weise soll sichergestellt werden, dass sich die Abweichungen beim Heizenergiebedarf nicht als Folge von Komforteinbußen einstellen. Im Anschluss daran erfolgt eine Variation von Randbedingungen mit dem Ziel, den Einfluss einzelner Parameter bzw. abweichender Konstellationen auf das Einsparpotential dezentraler Pumpen abschätzen zu können.

Sämtliche Simulationsergebnisse sind im Anhang A.2 bis A.5 tabellarisch dokumentiert. Jeder der darin aufgeführten Varianten ist ein Kürzel zugeordnet, anhand dessen der Bezug zur Erwähnung im Text hergestellt werden kann (z. B. V040-TRV entspricht der Untersuchungsvariante 040 des simulierten Systems mit Thermostatregelventilen).

Einsparpotentiale der Basisvarianten

Wie bereits beschrieben, erfolgen die Betrachtungen zum Einsparpotential zunächst auf der Grundlage der sogenannten Basisvarianten. Die Wahl der Randbedingungen für die Basisvarianten orientiert sich an einer für die praktische Anwendung von Thermostatregelventilen bzw. dezentralen Pumpen typischen Konstellation, um ein in der Realität auch tatsächlich erreichbares Einsparpotential auszuweisen. Die Gegenüberstellung der mit Hilfe der gekoppelten dynamischen Gebäude- und Anlagensimulation ermittelten Heizenergiebedarfswerte führt zu den in Tab. 3.3 zusammengefassten und im Folgenden beschriebenen Ergebnissen.

Tabelle 3.3: Berechnetes Einsparpotential an Heizenergie (Brennstoff) des DZP-Systems gegenüber dem Referenzfall mit TRV

	Ausführungsart DZP	A ("ideal")	B	C (vereinfacht)
Simulation	Neubau (q_h = 30 kWh/m²a)	25%	24%	22%
	Altbau (q_h = 200 kWh/m²a)	19%	18%	17%

Für das untersuchte Einfamilienhaus mit vernetzten dezentralen Pumpen lässt sich gegenüber einem Referenzfall mit Thermostatregelventilen (Basisvariante V000-TRV) eine relative Brennstoffeinsparung von bis zu 25 % im Neubau und bis zu 19 % im Altbau berechnen. Die maximale Einsparung stellt sich für das „Idealsystem" mit bestmöglicher Wärmeerzeugereinbindung ein (Ausführung A: mit Brennwert-Wandgerät ohne Überströmventil, V001-DZP). Kann davon abweichend das Überströmventil nicht eliminiert werden, so ist mit dieser Variante (Ausführung B) immer noch ein Einsparpotential von 24 % im Neubau und 18 % im Altbau zu verzeichnen (V000-DZP). Mit der vereinfachten Version des simulierten DZP-Systems (Ausführung C) lässt sich eine Brennstoffeinsparung von 22 % im Neubau und 17 % im Altbau nachweisen (V200-DZP).

Je besser der bauliche Wärmeschutz eines Gebäudes gestaltet ist, um so höher fällt das relative Einsparpotential an Heizenergie aus. Gleichwohl entspricht das niedrigere relative Einsparpotential im Altbau einer weitaus höheren absoluten Einsparung an Brennstoff resp. Heizkosten als im Neubau. Als aufschlussreich erweist sich darüber hinaus eine Analyse der Aufteilung der Energieeinsparungen entlang der „Bedarfskette" auf die Bereiche

- Wärmeübergabe im Raum,
- Wärmeverteilung und
- Wärmeerzeugung.

Abb. 3.18 zeigt, wie sich die für den Neubau prognostizierten relativen Brennstoffeinsparungen zusammensetzen. Unabhängig vom Entwicklungs- bzw. Optimierungsgrad des DZP-Systems

(Ausführung A / B / C) resultiert ca. ein Drittel der Einsparungen aus einer verbesserten Wärmeübergabe im Raum, nahezu die Hälfte aus einer sparsameren Wärmeverteilung und das verbleibende Viertel aus einer effizienteren Wärmeerzeugung.

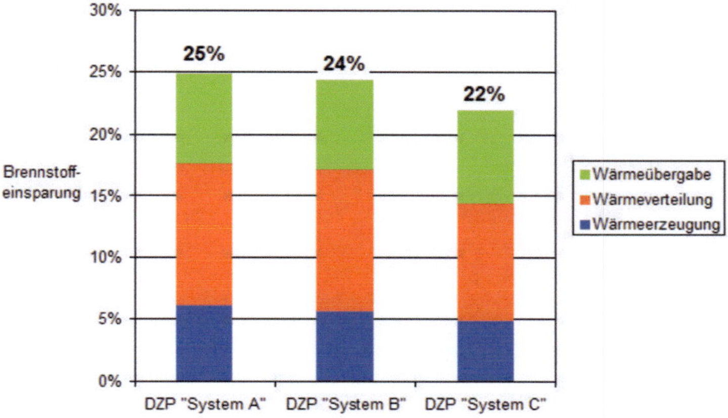

Abb. 3.18: Zusammensetzung der Brennstoffeinsparung des dezentralen Pumpensystems im EFH-Neubau

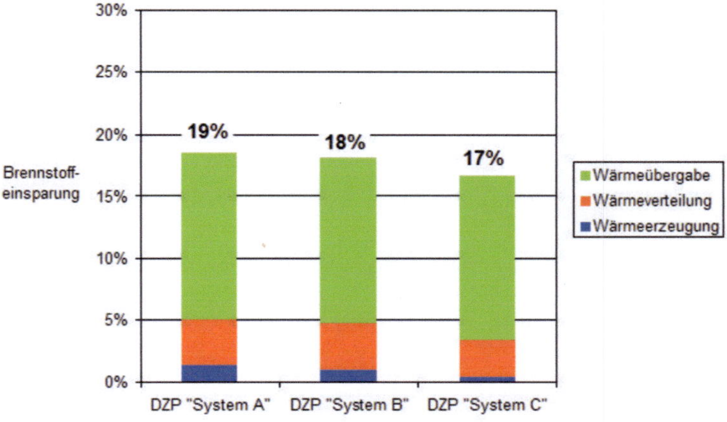

Abb. 3.19: Zusammensetzung der Brennstoffeinsparung des dezentralen Pumpensystems im EFH-Altbau

Im Altbau (Abb. 3.19) verschieben sich die Verhältnisse. Hier wirkt sich vor allem die verbesserte Raumtemperaturregelung energetisch günstig aus und bewirkt ca. drei Viertel der Brennstoffeinsparung. Die Wärmeverteilung trägt ca. 20 % dazu bei, der Wärmeerzeuger lediglich 3...8 %.

Bei der Wärmeübergabe im Raum beläuft sich die Einsparung der verschiedenen Ausführungsarten des DZP-Systems im direkten Vergleich zur Basisvariante mit TRV auf 11...12 % im Neubau und 16 % im Altbau und liegt damit im Bereich diesbezüglicher Aussagen bspw. von Knabe u.a. [49] (15 %, vgl. Abschnitt 2.6.2). Die Rohrwärmeabgabe lässt sich mit dezentralen Pumpen im Neubau um 30...40 % reduzieren und im Altbau um ca. 20 %. Dadurch erhöht sich der Anteil der vom System kontrolliert in den Raum abgegebenen Heizwärme signifikant, was ganz im Sinne eines optimierten Heizbetriebes und (in Übertragung auf größere Gebäude) einer möglichst gerechten Heizkostenverteilung ist. Dies ist vor allem auf die erweiterten Möglichkeiten zur Realisierung eines intermittierenden Betriebes und die Wirkung der bedarfsgeführten Soll-Vorlauftemperaturregelung (Vorlauftemperaturabsenkung) zurückzuführen und bestätigt deren Vorteile. Über die Effizienzsteigerung beim Wärmetransport hinaus wirkt sich die Bedarfsanpassung der Vorlauftemperatur auch positiv auf die Brennwertnutzung des Wärmeerzeugers aus. Aus der damit verbundenen Erhöhung des Nutzungsgrades der Wärmeerzeugung resultiert eine Brennstoffeinsparung von 5...6 % im Neubau und 1...2 % im Altbau (siehe hierzu auch Abschnitt 3.3.1.6).

Der Einfluss des Wärmeschutzniveaus auf die Zusammensetzung des Gesamt-Einsparpotentiales wird anhand der sich bei verschiedenen Gebäudetypen abzeichnenden Unterschiede zwischen Alt- und Neubau in einem gesonderten Abschnitt ausführlich diskutiert (siehe 3.3.3).

Thermischer Komfort

Für die meisten Nutzer ist, neben der Höhe der Betriebskosten, der Komfort das wichtigste Beurteilungskriterium für eine Heizungsanlage. Die Einhaltung der zur Gewährleistung thermisch behaglicher Verhältnisse bestehenden Komfortanforderungen bildet zudem eine Grundvoraussetzung für einen belastbaren energetischen Systemvergleich. Ein interessanter Vorschlag zur energetischen Bewertung unter Einbeziehung der thermischen Behaglichkeit existiert bspw. von Cody [23].

Thermische Behaglichkeit ergibt sich aus dem Zusammenspiel mehrerer Faktoren und zwar der Temperatur von Raumluft und Umschließungsflächen, der Luftgeschwindigkeit und Luftfeuchte sowie der Aktivität und Bekleidung der Anwesenden. In der Literatur und in verschiedenen Regelwerken lassen sich zahlreiche Kriterien und Ansätze zur qualitativen und quantitativen Bewertung der thermischen Behaglichkeit eines Raumes finden[35]. Vielfach wird dabei auf das von Fanger entwickelte Modell zur Bewertung der thermischen Behaglichkeit mit Hilfe eines PMV- (Predicted Mean Voting) und eines PPD-Indexes (Predicted Percentage of Dissatisfied) zurückgegriffen [43].

[35] Einschlägige Informationen hierzu enthalten die Normen DIN EN ISO 7730 [34], DIN EN 15251 [36] und DIN EN 13779 [35]. In Vorbereitung befindet sich die Richtlinie VDI 6018 zur Klassifizierung thermischer Behaglichkeit. Eine umfassende Auseinandersetzung mit dieser komplexen Thematik nimmt Richter in seinen Handbüchern der thermischen Behaglichkeit für den Winter- und Sommerfall vor ([87], [88]).

Eine sinnvolle Bewertung der thermischen Behaglichkeit setzt neben der Raumtemperatur, als einem Hauptmerkmal, die Kenntnis weiterer wesentlicher Einflussgrößen voraus. Die vorliegenden numerischen Untersuchungen basieren auf einem Raum-Knotenmodell. Beim Knotenmodell werden die thermodynamischen Eigenschaften des gesamten Raumes einem zentralen Raumknoten zugeordnet (Lufttemperatur, Strahlungstemperatur, Wärmekapazität) und von einer gleichmäßigen Verteilung dieser Eigenschaften im gesamten Raum ausgegangen. Auf die Simulation der Raumluftströmung wird verzichtet. Dadurch können längere Rechnungen über eine oder mehrere Heizperioden bei überschaubarem Rechenaufwand durchgeführt werden. Für energetische Betrachtungen eignet sich dies besonders gut. Detaillierte Aussagen zum Raumklima, wie etwa zu den sich einstellenden Luftgeschwindigkeiten, dem Zugluftrisiko oder dem vertikalen Lufttemperaturgradienten, lassen sich anhand dessen aber nicht ableiten.

Daher erfolgt hier vereinfacht nur eine Bewertung der Raumtemperatur (Empfindungstemperatur im Raumknoten). Bedenkt man, dass die Empfindungstemperatur, welche ein Äquivalent für die kombinierte Wirkung von Luft- und Strahlungstemperatur (der Umschließungsflächen) auf den Menschen ist, für einen energetischen Vergleich das entscheidende Innenraummerkmal darstellt, so erscheint diese Vorgehensweise im Rahmen der vorliegenden Arbeit zweckmäßig. Dies gilt um so mehr, da hier Heizsysteme einander gegenübergestellt werden, welche sich hinsichtlich weiterer Behaglichkeitskriterien (Luftgeschwindigkeit, Luftfeuchte, vertikaler Raumtemperaturgradient etc.) nur marginal voneinander unterscheiden. Anders würde es sich verhalten, wäre ein Luft- mit einem Warmwasserheizsystem zu vergleichen oder eine Flächen- mit einer Radiatorheizung.

Sollen, wie gesagt, allein der Raumtemperaturkomfort und die Regelgüte bewertet werden, so kann man sich durch Betrachten der Häufigkeitsverteilungen der Raumtemperatur-Regelabweichung einen guten Überblick verschaffen. In Abschnitt 3.3.1.2 wird ausführlich erläutert, die Raumtemperaturen welcher Zeiträume bzw. Zeitschritte in diese Auswertung einfließen.

Die Regelabweichung beschreibt die Differenz zwischen Ist- und Sollwert einer Regelgröße, in dem Falle der Raumtemperatur. Eine positive Regelabweichung deutet auf eine Überversorgung des Raumes hin bzw. umgekehrt entspricht eine negative Regelabweichung der Unterversorgung. Die Abbildungen 3.20 bis 3.23 geben die sich während einer Heizperiode einstellenden Regelabweichungen der Raumtemperatur aller beheizten Zonen für die beiden unterschiedlichen Regelsysteme wieder, jeweils für den Neubau und den Altbau.

Für das simulierte System mit dezentralen Pumpen sind die Häufigkeitsverteilungen der vereinfachten Version (ohne Diagnose der hydraulischen Verhältnisse - Ausführung C) dargestellt. Auf diese Weise kann gezeigt werden, dass mit Hilfe (parallel angeordneter) dezentraler Pumpen auch ohne spezielle Regelfunktionen zur Diagnose und Kompensation der gegenseitigen hydraulischen Beeinflussung sehr gute Regelergebnisse erzielt werden.

- NEUBAU -

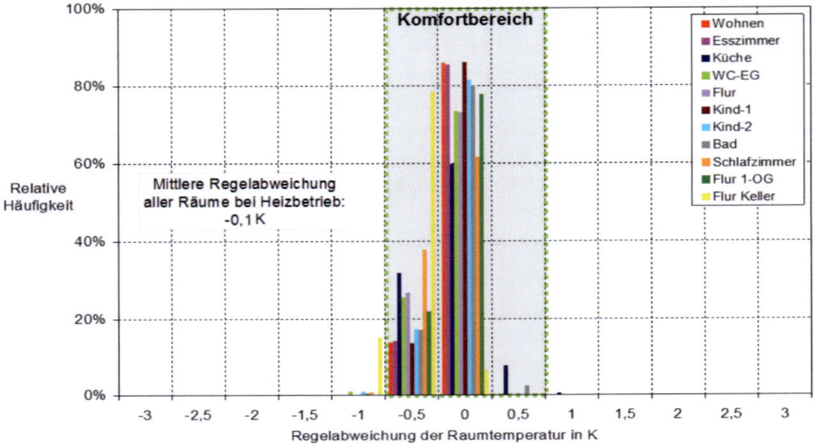

Abb. 3.20: Häufigkeitsverteilung der Raumtemperatur-Regelabweichung im Neubau mit DZP (vereinfachte Ausführung - System C)

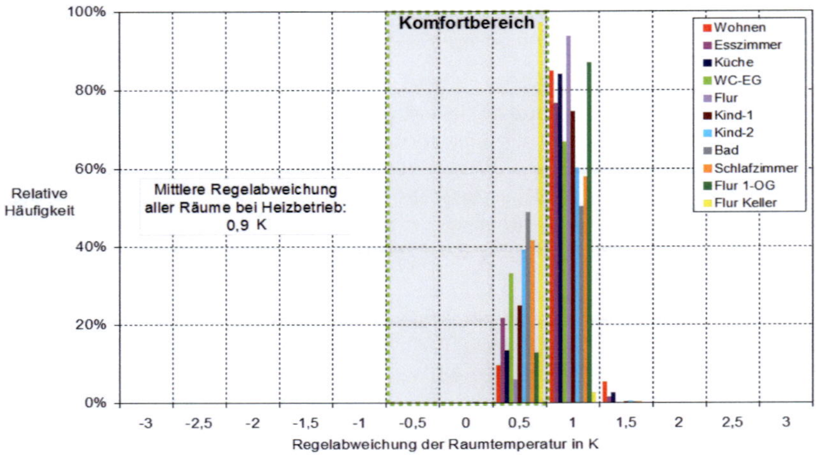

Abb. 3.21: Häufigkeitsverteilung der Raumtemperatur-Regelabweichung im Neubau mit TRV

- ALTBAU -

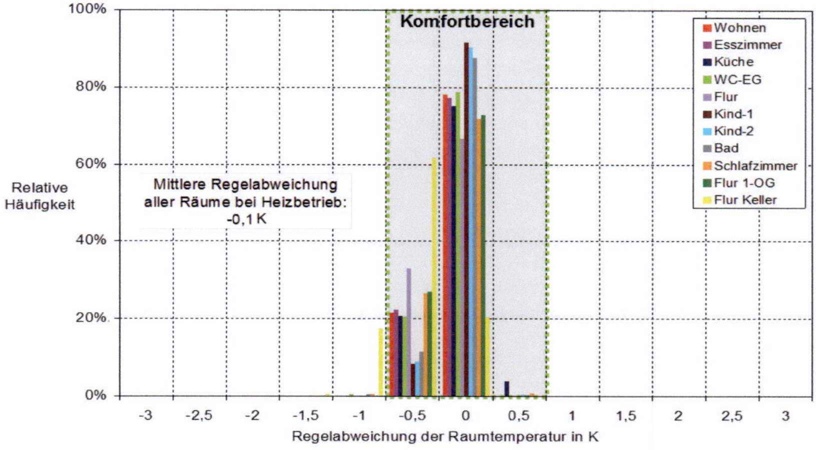

Abb. 3.22: Häufigkeitsverteilung der Raumtemperatur-Regelabweichung im Altbau mit DZP (vereinfachte Ausführung - System C)

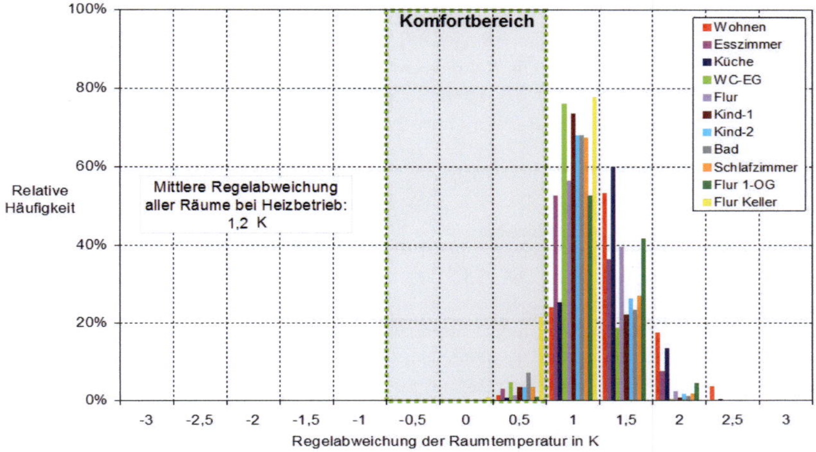

Abb. 3.23: Häufigkeitsverteilung der Raumtemperatur-Regelabweichung im Altbau mit TRV

Wie zu erkennen ist, liegen für das System mit DZP im Neu- wie Altbau die Temperaturen nahezu aller Räume innerhalb des angenommenen Komfort- bzw. Toleranzbereiches (Sollwert $\pm 0,5 K$)[36].

Eine Ausnahme bildet der Flur im Kellergeschoss mit geringfügiger Unterschreitung des Komfortbereiches in 15...17 % der Betriebsstunden. Als Ursache hierfür ist zu nennen, dass der Flur in Bezug auf Behaglichkeitsanforderungen üblicherweise von niedriger Priorität ist und daher im Sinne eines energetisch effizienten, realitätsnahen Anlagenbetriebes aus der bedarfsgeführten Soll-Vorlauftemperaturregelung ausgeschlossen ist. Mit Blick auf die übliche Nutzung eines solchen Raumes erscheint dies angemessen. Dahinter steht die Überlegung, dass in der Praxis insbesondere Räume, an die der Nutzer eher niedrige Komfortansprüche stellt, allein aus Kostengründen häufig knapp bemessene Heizflächen besitzen. Es ist mehr oder weniger nur eine Temperierung vorgesehen. Werden solche Räume bei der bedarfsgeführten Soll-Vorlauftemperaturregelung berücksichtigt, fordern sie unter Umständen über längere Zeiträume hohe Vorlauftemperaturen vom Wärmeerzeuger an, auch wenn dies zur Beheizung der übrigen (Komfort-)Räume nicht erforderlich ist.

Bei Betrachtung der Häufigkeitsverteilung der Raumtemperatur-Regelabweichung der Basisvarianten mit TRV fällt auf, dass nahezu alle Räume in der Mehrzahl der Betriebsstunden überversorgt werden. Im Neubau beträgt die durchschnittliche Sollwert-Überschreitung 0,9 K, im Altbau 1,2 K (flächengewichteter Mittelwert). Begründet werden kann dies mit der für den thermostatischen (P-)Regler typischen bleibenden Regelabweichung im Teillastbetrieb bei konstanter Sollwertvorgabe (ohne Nutzereingriff).

Die Regelabweichungen fallen im Altbau etwas höher aus als im Neubau, was zunächst den Erwartungen widerspricht, da im hochwärmegedämmten Gebäude anteilig höhere Fremdwärmelasten auftreten, welche zu einer Überheizung führen können. Berücksichtigt man jedoch die Vorgehensweise bei der Kalibrierung der Thermostatregelventile in der Simulation, so ergibt sich ein plausibles Bild. Die Kalibrierung unterliegt dem Einfluss der Vorlauftemperatur auf die Fühlertemperatur der Thermostatköpfe (vgl. Abschnitt 3.3.1.2). Im Altbau bewegt sich die Vorlauftemperatur auf einem höheren Niveau, mithin ihre Wirkung bei der Sollwertbestimmung.

3.3.1.5 Vergleich mit Messergebnissen

Wie einem Forschungsbericht der TU Dresden [71] zu entnehmen ist, fanden in einem unbewohnten Versuchshaus Messungen zum Energieeinsparpotential vernetzter dezentraler Pumpen gegenüber einem Referenzsystem mit thermostatisch geregelten Heizkörperventilen statt. Interessant erscheint die Gegenüberstellung dieser Messergebnisse zu den hier theoretisch erzielten Resultaten unter Verwendung numerischer Simulationsmodelle.

36 Der Komfortbereich kennzeichnet die Toleranz eines gedachten Nutzers gegenüber geringen Raumtemperaturschwankungen. In der Realität ist der Toleranzbereich von Nutzer zu Nutzer verschieden. In Fachkreisen wird verbreitet davon ausgegangen, dass Temperaturdifferenzen von bis zu 0,5 K mehrheitlich nicht (bewusst) wahrgenommen werden.

Das Versuchshaus verfügt der Beschreibung zufolge über einen ähnlichen baulichen Wärmeschutz wie das in der Simulation verwendete Modellgebäude „Altbau“. Im Versuchsbetrieb herrschten teilweise andere Randbedingungen als vorliegend in den simulierten Basisvarianten mit dezentralen Pumpen bzw. Thermostatregelventilen. Um die Ergebnisse von Messung und Simulation einander gegenüberstellen zu können, müssen die Voraussetzungen für eine Vergleichbarkeit gegeben sein. Daher erfolgt zusätzlich mittels numerischer Simulation eine Abschätzung des Einsparpotentiales dezentraler Pumpen im Modellgebäude (Altbau) unter den Bedingungen des Versuchsbetriebes, soweit diese bekannt sind.

Konkret bedeutet dies, dass abweichend von den für die Basisvarianten des Altbaus beschriebenen Verhältnissen ein bodenstehender Niedertemperaturkessel die Wärmeerzeugung übernimmt (großvolumig, ohne Mindestumlaufwassermenge bzw. Überströmventil; Nennleistung 18 kW; keine integrierte Umwälzpumpe; minimale Betriebstemperatur 30 °C). Des Weiteren wird von einer Fensterlüftung abgesehen[37] und auf eine Nachtabschaltung des Wärmeerzeugers verzichtet. Der nächtliche Absenkbetrieb erstreckt sich also über die gesamte Heizperiode (vgl. V320-DZP / V032-TRV). Eine Anpassung des Wetterdatensatzes der Simulation an die Witterung am Aufstellort des Versuchshauses ist nicht erforderlich, da bereits im Zuge der Datenauswertung des Versuchshauses eine Witterungsbereinigung vorgenommen wurde, um die Ergebnisse zur Energieeinsparung auf mittlere klimatische Verhältnisse für Deutschland abzustimmen.

Die Nachstellung des Versuchsbetriebes in der Simulation führt auf ein Einsparpotential an Heizenergie von 18 % (Tab. 3.4). Es zeigt sich eine gute Übereinstimmung sowohl hinsichtlich der Höhe der Brennstoffeinsparung insgesamt als auch in Bezug auf die anteiligen Beiträge der Bereiche Wärmeübergabe, -verteilung und -erzeugung. Gemessen daran, dass das Versuchshaus einen geringfügig besseren baulichen Wärmeschutz besitzt (spezifischer Jahresheizwärmebedarf des Versuchshauses 175 $kWh/(m^2a)$ ggü. 200 $kWh/(m^2a)$ des Modellgebäudes), kann man bzgl. des relativen Einsparpotentiales von nahezu identischen Ergebnissen sprechen.

Tabelle 3.4: Mess- und Simulationsergebnisse zur Heizenergieeinsparung dezentraler Pumpen in einem unbewohnten Einfamilienhaus mit geringem Wärmeschutz

		DZP-System "Versuchshaus"
Simulation	Altbau (q_h = 200 kWh/m²a)	**18%**
Messung	Altbau (q_h = 175 kWh/m²a)	**19...20%**

Dies steht im scheinbaren Widerspruch zu den diesbezüglich in Abschnitt 3.1 getroffenen Aussagen zur Vergleichbarkeit von Mess- und Simulationsergebnissen. Die vorliegende

37 Das Versuchshaus war zum Zeitpunkt der Messungen unbewohnt.

gute Übereinstimmung lässt sich mit den für Feldmessungen sonst unüblichen Versuchsbedingungen erklären. Es handelte sich um ein unbewohntes Objekt. Ein Nutzereinfluss durch Fensterlüftung oder Sollwertverstellungen an den raumweisen Regeleinrichtungen kann somit ausgeschlossen werden. Interne Wärmegewinne wurden in der für Wohngebäude typischen Größenordnung mit Hilfe von Wärmegewinn-Simulatoren kontrolliert in das Gebäude gebracht. Zudem erfolgte während der Versuchsdurchführung eine umfassende Messdatenerfassung, welche auch die am Gebäude direkt anliegenden Wetterdaten aufzeichnete (Außentemperatur, direkte u. diffuse Solarstrahlung). Man kann von optimalen, laborähnlichen Versuchsbedingungen sprechen.

3.3.1.6 Variation von Randbedingungen

Im Folgenden werden abweichend von den Randbedingungen der Basisvarianten einzelne und Kombinationen mehrerer Parameter modifiziert und die Auswirkungen der vorgenommenen Änderungen untersucht, vor allem die energetischen. Das Ziel dieser Vorgehensweise besteht darin, die Übertragbarkeit der bisher gewonnenen Simulationsergebnisse auf andere Gegebenheiten zu prüfen und auf dieser Grundlage verallgemeinerungsfähige Aussagen abzuleiten.

Die Variationen betreffen aufgrund der erweiterten Möglichkeiten bei vernetzter, elektronischer Regelung überwiegend das simulierte System mit dezentralen Pumpen. Wie bereits angedeutet, wird dabei auf die Ausführungsart B (ohne „ideale" Wärmeerzeugereinbindung) als Ausgangspunkt zurückgegriffen (Variante V000-DZP).

Die vergleichenden Betrachtungen erfolgen, wenn nicht ausdrücklich anders beschrieben, unter Bezugnahme auf die bereits bekannten Basisvarianten mit TRV (V000-TRV) von Neu- und Altbau. Sofern die Variationen für beide (Vergleichs-)Systeme in Frage kommen (bspw. abweichende Auslegungstemperaturen des Systems oder ein anderer Wärmeerzeuger), werden die entsprechenden Anpassungen und Berechnungen auf beiden Seiten vorgenommen. Bei der Betrachtung der Auswirkungen veränderter Randbedingungen auf die Ergebnisse wird, soweit dies zur Klärung der Sachverhalte erforderlich ist, zunächst näher auf die in den Basisvarianten (Ausgangszustand) diesbezüglich vorzufindenden Verhältnisse und Zusammenhänge eingegangen.

Sofern die Variationen eine Festlegung zusätzlicher Regelparameter erforderlich machen (z. B. für die Schnellaufheizung), wird dabei nach demselben Prinzip wie bei der Parametrierung der Basisvarianten vorgegangen. Die Regelparameter werden grundsätzlich so gewählt, dass sich ein dauerhaft stabiles Regelverhalten einstellt und die bestehenden Komfortanforderungen über die gesamte Heizperiode erfüllt werden.

Bei einem hohen regelungstechnischen Entwicklungsniveau ist eine Vielzahl von Betriebsweisen denkbar. Im praktischen Einsatz bestimmen oftmals technische, finanzielle oder andere Gegebenheiten die Ausführung und Betriebsweise einer Anlage. Folgende Varianten erscheinen im Zusammenhang mit dezentralen Pumpensystemen relevant bzw. von besonderem Interesse und sollen daher im Weiteren untersucht werden:

- der gänzliche Verzicht auf eine Wärmeerzeugeransteuerung (DZP),
- die Realisierung einer Wärmeerzeugeransteuerung lediglich über Schaltkontakt (DZP),
- die Betriebsweise mit bodenstehendem Brennwertkessel (großvolumig, ohne Mindestumlaufwassermenge / ÜSV),
- der Verzicht auf einen Außentemperaturfühler (DZP),
- die Anheiz-Optimierung in Kombination mit einer Schnellaufheizung (DZP),
- der Verzicht auf eine Anheiz- und Heiz-Ende-Optimierung (DZP),
- ein durchgehender Heizbetrieb am Tage (ohne Raumtemperaturabsenkung, DZP),
- der Verzicht auf eine Fensterlüftungserkennung (DZP),
- ein eingeschränkter bzw. nicht vorhandener hydraulischer Abgleich dezentraler Pumpen,
- die Auslegung und der Betrieb der Heizungsanlage im hochwärmegedämmten Gebäude (Neubau) mit Systemtemperaturen von 55/45 °C sowie
- ausgewählte Kombinationen mehrerer Maßnahmen.

Art und Ansteuerung des Wärmeerzeugers

Eine bedarfsgeführte Wärmeerzeugeransteuerung zielt darauf ab, durch weitestmögliches Absenken der Vorlauftemperatur den Nutzungsgrad der Wärmeerzeugung zu erhöhen und den Bereitstellungsaufwand der Wärmeverteilung über das Rohrnetz zu minimieren. Die niedrigeren Vorlauftemperaturen an den Heizflächen bewirken in Abhängigkeit der aktuellen Lastverhältnisse einen mehr oder weniger starken Anstieg der Rücklauftemperatur des Heiznetzes. Mit diesem Argument wird ein Einspareffekt einer Vorlauftemperaturadaption in Fachkreisen mitunter bestritten.

Der Heizbetrieb ist jedoch zu weiten Teilen von einer Heizlast geprägt, welche sich deutlich unterhalb des theoretisch berechneten und der Heizkurve zugrunde gelegten Wertes bewegt. Gleichzeitig ist die Rücklaufauskühlung beim Verbraucher auf das Niveau der Raumtemperatur begrenzt. Darüber hinaus ist eine weitere Reduzierung der Heizflächenleistung nur über die Verringerung der an der Wärmeabgabe beteiligten, wirksamen Heizfläche möglich. Insbesondere bei nicht abgesenkten (zu hohen) Vorlauftemperaturen stellt sich dies bei extremer Massestromdrosselung so ein, wenn das Heizmedium sich im Heizkörper zu mehr oder weniger großen Teilen bis auf Raumtemperatur abgekühlt hat.

Bei einer vorhandenen Bedarfsanpassung der Vorlauftemperatur geht dieser Effekt zurück. Im Teillastbetrieb mit sehr geringem Wärmebedarf stellen sich dadurch vergleichsweise niedrigere Heizmitteltemperaturen ein bei höheren Masseströmen. Raumseitig stellen sich bei gleicher Wärmeabgabe der Heizflächen durchschnittlich niedrigere Übertemperaturen ein als im Vergleichsfall ohne Bedarfsanpassung. Ein zweipunktähnliches Verhalten der Stelleinrichtung im Raum (im Schließbereich arbeitendes Ventil bzw. mit Mindestdrehzahl taktende dezentrale Pumpe) wird weitestgehend vermieden.

In Einfamilienhäusern treten bei konventioneller Betriebsweise im Teillastfall aufgrund des nicht bedarfsgerechten, zumeist überhöhten Vorlauftemperaturangebotes nach Heizkurve in der Regel Masseströme auf, die deutlich unter dem Bemessungswert liegen. Diese Tendenz verstärkt sich mit zunehmendem Wärmeschutz der Gebäude. Parallel dazu lässt sich vor allem im Bereich kleinerer Gebäude seit Jahren bei Neubau oder Sanierung ein ungebrochener Trend zu kleinvolumigen Wärmeerzeugern feststellen. Diese benötigen zum Schutz vor Überhitzung eine Mindestumlaufwassermenge, was üblicherweise mit Hilfe einer entsprechenden hydraulischen Schaltung (i. d. R. mit ÜSV) sichergestellt wird[38]. Je niedriger die Masseströme im Abnehmerkreis sind, um so stärker kommt die Wirkung eines Überströmventiles (oder vergleichbarer Lösungen) zum Tragen.

Die numerischen Untersuchungen der Basisvarianten zeigen in der Gegenüberstellung einen deutlichen Anstieg der durchschnittlichen Netzmasseströme (verbraucherseitig) des bedarfsgeführten Systems mit DZP ggü. dem konventionell betriebenen mit TRV und zwar um den Faktor 3,5 im Neubau (von 67 auf 234 kg/h) und um 25 % bzw. ca. 100 kg/h im Altbau (von 392 auf 498 kg/h). Wie bereits erläutert, fallen die Netzrücklauftemperaturen im System mit TRV tendenziell etwas niedriger aus als in dem mit DZP (Mittelwert der Heizperiode im Neubau: 27 °C bei TRV / 33 °C bei DZP, im Altbau: jeweils 34 °C bei TRV und DZP). Die zuvor beschriebenen Zusammenhänge bewirken aber letztlich im bedarfsgeführten System mit DZP eine durchschnittliche Rücklauftemperatur zum Wärmeerzeuger von nur 35 bzw. 37 °C (Neu- / Altbau) im Vergleich zu 49 bzw. 48 °C (Neu- / Altbau) im System mit TRV.

Die Mindestumlaufwassermenge des Wärmeerzeugers kann in der Simulation mit dezentralen Pumpen auch ohne Eingriff des Überströmventiles nahezu die gesamte Betriebszeit eingehalten bzw. überschritten werden. Dies wird allein über die Bedarfsanpassung der Vorlauftemperatur erreicht, ohne weitere (spezielle) Regelfunktionen für den Wärmeerzeuger. Das Überströmventil verliert an Bedeutung. Ganz lässt sich sein Einfluss aber nicht eliminieren, was dem charakteristischen Kennlinienverlauf solcher Ventile geschuldet ist (siehe hierzu auch Abschnitt 2.1.2).

Wesentlich ungünstiger stellen sich die hydraulischen Verhältnisse im simulierten System mit TRV dar, insbesondere im Neubau. Dies schlägt sich in einer entsprechend hohen Rücklauftemperaturanhebung zum Wärmeerzeuger nieder. Da die Rücklauftemperatur von entscheidendem Einfluss auf die Brennwertnutzung ist, führt deren Absenkung bei bedarfsgeführter Soll-Vorlauftemperaturregelung mit dezentralen Pumpen gegenüber dem konventionellen Referenzfall zu einer Nutzungsgraderhöhung um bis zu 6 % und zwar verstärkt im hochwärmegedämmten Gebäude.

Handelt es sich beim Wärmeerzeuger nicht um ein kleinvolumiges Wandgerät, sondern einen bodenstehenden Brennwert-Kessel großen Wasserinhaltes (ohne ÜSV / Mindestum-

[38] Eine Umlenkschaltung sorgt dafür, dass bei unzureichendem Mediendurchsatz im Verbraucherkreis ein Teil des Wärmeerzeugermassestromes im Kurzschlussprinzip fließt und auf diese Weise die geforderte Mindestumlaufmenge zu keinem Zeitpunkt unterschritten wird. Primärseitig (beim Wärmeerzeuger) fließt also ggf. mehr als sekundärseitig (im Heizkreis). Diese Beimischung von Vorlaufmedium in den Rücklauf des Heiznetzes führt zu einer Anhebung der Rücklauftemperatur zum Wärmeerzeuger.

laufmenge), so stellt sich bei vorhandener Bedarfsanpassung der Soll-Vorlauftemperatur aufgrund der tendenziell höheren Netzrücklauftemperaturen u. U. eine Verschlechterung des Nutzungsgrades ein. Andererseits spielen auch andere Effekte eine Rolle, die sich in ihrer Wirkung gegenseitig kompensieren können. So wirkt sich beispielsweise eine niedrige Vorlauftemperatur vorteilhaft auf den Wirkungsgrad von Brennwert-Kesseln aus und bei bedarfsgeführter Soll-Vorlauftemperaturregelung liegt diese meistenteils deutlich unterhalb der konventionell verwendeten Heizkurve. Darüber hinaus führt die bedarfsabhängige Wärmeerzeugeransteuerung zu einer Verringerung der Abgas-, Strahlungs- und Bereitschaftsverluste. Einflussgrößen und Zusammenhänge in Bezug auf die Effizienz der Gas-Brennwert-Technik werden z. B. von Oschatz in [82] detailliert dargelegt.

Die Simulation eines DZP-Systems mit bedarfsabhängig geregeltem, bodenstehendem BW-Kessel (V002-DZP) zeigt in der Gegenüberstellung zu einer entsprechenden Variante des TRV-Systems (mit Soll-Vorlauftemperatur nach Heizkurve und bodenstehendem BW-Kessel, V040-TRV) für den Altbau eine Nutzungsgradverringerung um 2 %. Im Neubau stellt sich dagegen trotz höherer Rücklauftemperaturen im bedarfsgeführten DZP-System ein Nutzungsgrad derselben Höhe ein wie im konventionellen Fall mit TRV.

Entscheidend ist jedoch nicht allein die Effizienz der Wärmeerzeugung, sondern der Summeneffekt. Betrachtet man den Heizenergiebedarf des Gesamtsystems unter Einbeziehung aller Abschnitte der Bedarfskette, erweist sich die bedarfsgeführte Soll-Vorlauftemperaturregelung auch für bodenstehende Brennwert-Kessel insgesamt als energetisch sehr günstig. Das DZP-System mit bodenstehendem Brennwert-Kessel (V002-DZP) erreicht in der Gegenüberstellung zum Referenzfall mit TRV (V040-TRV) eine Heizenergieeinsparung von 20 % im Neu- und 16 % im Altbau. Bei Verzicht auf die bedarfsgeführte Soll-Vorlauftemperaturregelung (V034-DZP) vermindert sich diese mit bodenstehendem Kessel auf 13 % im Neubau bzw. 14 % im Altbau. Simulationsergebnisse von Seifert [91] und Oschatz [82] zum Einfluss abgesenkter bzw. erhöhter Vorlauftemperaturen auf den Heizenergiebedarf von TRV-Systemen mit bodenstehendem Brennwert-Kessel untermauern diese Aussage.

Im nächsten Schritt sollen nun die Auswirkungen eines teilweisen oder gänzlichen Verzichts auf die bedarfsgeführte Wärmeerzeugeransteuerung im Zusammenhang mit elektronisch geregelten, dezentralen Pumpen untersucht werden. Zu diesem Zweck wird in den Basisvarianten des DZP-Systems für den Alt- und Neubau (mit wandhängendem Brennwert-Gerät) die Wärmeerzeugeransteuerung zunächst komplett ausgeschaltet (V030-DZP). Der Tag- und Nachtbetrieb des Wärmeerzeugers wird übereinstimmend zur Basisvariante mit TRV organisiert (siehe Abschnitt 3.3.1.2). Daraufhin stellen sich hinsichtlich der Masseströme und Medientemperaturen im Heiznetz nahezu die gleichen Verhältnisse ein wie in der entsprechenden Basisvariante mit TRV. Aufgrund der über die Zeitplanfunktion der Soll-Raumtemperaturen bewirkten, stärker intermittierenden Betriebsweise der Anlage mit dezentralen Pumpen resultiert hier für den Wärmeerzeuger gegenüber dem Referenzfall mit

TRV (V000-TRV) ein etwas geringerer Nutzungsgrad (im Neubau 2 % und im Altbau 1 % niedriger)[39].

Dezentrale Pumpen schalten nachts und während der Tagabsenkung der Räume (außer bei Stützbetrieb) ab. Bei fehlender Kommunikation arbeitet der Wärmeerzeuger ungeachtet dessen tagsüber und unterhalb einer Außentemperatur von 5 °C auch nachts (im Absenkbetrieb) weiter und versucht die geforderte Soll-Vorlauftemperatur (nach Heizkurve bzw. nachts nach abgesenkter Heizkurve) zu halten. Bei ausgeschalteten dezentralen Pumpen stellt sich eine ausschließliche Kurzschlussströmung über das Überströmventil ein. Der Nutzen des dafür eingesetzten Brennstoffes ist nahe Null, der Bereitschaftsverlust entsprechend hoch. Im System mit TRV, bei dem es raumseitig zu keiner Sollwertverstellung kommt, öffnen die Ventile in den Absenkphasen und der Wärmeerzeuger kann seine Wärme somit in das Heiznetz abführen, auch wenn sie dort nur eingeschränkt von Nutzen ist[40].

Der Mehrbedarf der fehlenden Wärmeerzeugeransteuerung schlägt in der Bilanzierung des TRV-Systems dadurch weniger beim Kessel, als vielmehr bei der Wärmeverteilung zu Buche. Der Wärmeerzeuger arbeitet in Verbindung mit Thermostatregelventilen vergleichsweise eher durchgängig bei niedrigerer Belastung, was für den Nutzungsgrad (allein betrachtet) günstiger ist, als die durch den intermittierenden Heizbetrieb der dezentralen Pumpen bzw. Räume hervorgerufene, ungleichmäßigere Fahrweise mit längeren Bereitschaftszeiten ohne raumseitige Wärmeabnahme und zwischenzeitlichen Phasen erhöhter Kesselbelastung. Der Nutzungsgrad des Wärmeerzeugers, welcher als Verhältnis von abgegebener Wärmemenge zu aufgenommenem Brennstoff definiert ist, fällt mit TRV daher leicht höher aus. Die Betriebsbereitschaftszeit des Wärmeerzeugers steigt im System mit DZP auf den Wert des Vergleichssystems mit TRV an (siehe Tab. 3.5).

Tabelle 3.5: Betriebsbereitschaft des Wärmeerzeugers in unterschiedlichen Varianten

	System TRV-Basis (V000)		System DZP-Basis (V000)		System DZP (V033) (WE-Anst. über Kontakt)		System DZP (V030) (ohne WE-Ansteuerung)	
	Neubau	Altbau	Neubau	Altbau	Neubau	Altbau	Neubau	Altbau
Betriebs-bereitschaft	4218 h	5015 h	2549 h	4137 h	2101 h	3710 h	4220 h	5016 h
Soll-Vorlauf-temperatur	nach Heizkurve		optimiert		nach Heizkurve		nach Heizkurve	

Im System mit DZP lässt sich durch den Verzicht auf die bedarfsabhängige Wärmeerzeugeransteuerung ein deutlicher Anstieg der Rohrwärmeabgabe feststellen, sowohl im unbeheizten als

39 Bei Betrieb des DZP-Systems ohne Tagabsenkung der Räume (V032-DZP), also weniger intermittierend, ist die Nutzungsgradminderung beim Wärmeerzeuger durch Verzicht auf die Ansteuerung gegenüber der Basisvariante mit TRV noch geringer.

40 Auch wenn in der Absenkphase raumseitig kein Wärmebedarf besteht und das Öffnen der Ventile die Raumauskühlung vermindert, so führt das Einspeichern eines Teiles der Raumwärme in die Baukonstruktion dennoch zu einer Reduzierung des Wärmebedarfes nachfolgender Nutzungszeiten und wird insofern genutzt.

auch im beheizten Bereich um ca. 20 % im Neubau bzw. ca. 10 % im Altbau. Zur Raumbeheizung ist die Rohrwärmeabgabe nur eingeschränkt nutzbar.

In der Summe eröffnet sich durch die bedarfsgeführte Wärmeerzeugeransteuerung ein zusätzliches Einsparpotential an Heizenergie in der Größenordnung von 3 % (Altbau) bis 10 % (Neubau). Das deckt sich mit diesbezüglich getroffenen Aussagen bspw. von SEIFERT [91]. Auf der Grundlage umfangreicher theoretischer Betrachtungen und numerischer Simulationsrechnungen ermittelt dieser für Niedrigenergiehäuser ein Einsparpotential an Heizenergie in der Größenordnung von bis zu 10 %. Damit erweist sich die Kommunikation mit dem Wärmeerzeuger vor allem für hochwärmegedämmte Gebäude von großem Vorteil, da hier der energetische Aufwand zur Bereitstellung von verhältnismäßig wenig Nutzwärme überproportional hoch ist. Dementsprechend resultiert im Neubau ein wesentlich höherer Anteil des Einsparpotentiales vernetzter dezentraler Pumpen aus der effizienteren Wärmeverteilung und -erzeugung.

Im Altbau ergibt sich aufgrund der wesentlich höheren spezifischen Transmissionswärmeverluste über die Gebäudehülle der mit Abstand größte energetische Vorteil dezentraler Pumpen aus der verbesserten Wärmeübergabe im Raum, was sich in dem Zusammenhang (mit / ohne Wärmeerzeugeransteuerung) kaum ändert. Darüber hinaus decken im Altbau anteilig weniger Fremdwärmegewinne den Raumwärmebedarf, weshalb sich hier die Soll-Vorlauftemperaturen mit Hilfe einer Bedarfsanpassung weniger weit unter die theoretische Heizkurve absenken lassen. Das Energieeinsparpotential durch Kommunikation mit dem Wärmeerzeuger hält sich im Altbau daher in engeren Grenzen.

Andere Untersuchungen zu den energetischen Auswirkungen einer Bedarfsanpassung der Vorlauftemperatur weisen teilweise noch höhere Einspareffekte aus. So ermitteln bspw. KÄHLER/OHL auf der Grundlage von Feldmessungen zu zwei verschiedenen Verfahren der Vorlauftemperaturadaption eine Verbrauchsreduktion in der Größenordnung von 12 % [64][41].

Dabei ist zu bedenken, dass in bewohnten Objekten die Nutzerakzeptanz (z. B. ggü. verminderten Raumtemperaturen) und der Nutzereingriff von großem Einfluss auf die Ergebnisse sein können. Dies gilt insbesondere für Anlagen mit thermostatischer Raumtemperaturregelung, da hier eine Vorlauftemperaturabsenkung zur Minderung der bleibenden Regelabweichung führt und damit zu einer Raumtemperaturabsenkung, welche vom Nutzer u. U. toleriert wird. Diese Vermutung deckt sich mit den besonders hohen gemessenen Einsparungen in den Liegenschaften mit thermostatischer Raumtemperaturregelung (Vorlauftemperaturadaption auf der Grundlage von Daten funkvernetzter elektronischer Heizkostenverteiler). Der Nutzereinfluss erklärt womöglich das tendenziell etwas höhere Potential sowie die recht große Streuung der gemessenen Einsparungen. Dieser Einfluss kann bei rein numerischen Betrachtungen eliminiert oder wenigstens quantifiziert werden.

[41] Dabei handelt es sich einmal um vernetzte elektronische Einzelraumregelung mit Lastanpassung der Vorlauftemperatur durch Auswertung der aktuellen Ventilhubstellungen (Ventilhubverfahren). Bei dem anderen untersuchten Verfahren wird auf der Basis von Informationen funkvernetzter Heizkostenverteiler auf die aktuellen Lastverhältnisse geschlossen. Die Räume werden hier thermostatisch geregelt.

Die vorliegend unter Verwendung theoretischer Simulationsmodelle untersuchte bedarfsabhängige Soll-Vorlauftemperaturregelung mit dezentralen Pumpen gewährleistet einen gleichbleibenden Raumtemperaturkomfort. Ein möglicher Nutzereinfluss verliert damit bei der Bewertung dieser Funktionalität an Bedeutung, wobei hier ohnehin von einem konstanten Nutzerverhalten (ohne Eingriff) ausgegangen wird.

Bei eingeschränkter Kommunikationsfähigkeit des Wärmeerzeugers besteht u. U. die Möglichkeit einer Ansteuerung per Schaltkontakt (0/1), welche zumindest bewirkt, dass ein zentrales Regelsystem den Wärmeerzeuger in Phasen ohne raumseitige Wärmeanforderung abschaltet[42]. Die Simulation einer entsprechenden Variante mit dezentralen Pumpen zeigt (V033-DZP), dass die Betriebsbereitschaftszeit des Wärmeerzeugers auf diese Weise (gegenüber dem Fall ohne jegliche Ansteuerung, V030-DZP) um ein Drittel (Altbau) bis die Hälfte (Neubau) gesenkt werden kann (siehe Tab. 3.5).

Im Gegensatz zum Neubau resultiert daraus im Altbau jedoch keine signifikante Verringerung des Heizenergiebedarfes (siehe Abb. 3.25). Hier bewirkt die Ansteuerung per Schaltkontakt sogar eine ganz leichte Verschlechterung des Nutzungsgrades der Wärmeerzeugung. Verursacht wird dieses Verhalten durch eine Reihe von Effekten. Zum Einen kühlen im Altbau die Räume wegen der erhöhten Wärmeverluste über die Gebäudehülle in Absenkphasen grundsätzlich schneller aus und erreichen die Stütztemperatur (nachts 15°C, tagsüber 18 bzw. 16 °C) eher. Die Abschaltzeiträume für den Wärmeerzeuger sind daher von kürzerer Dauer als im hochwärmegedämmten Neubau (s. o.), das Einsparpotential an sich geringer.

Darüber hinaus gelangen die in dem simulierten Beispiel von der Bedarfsanpassung ausgenommenen Flure nachts besonders schnell in den Stützbetrieb, da sie sich tagsüber auf einem niedrigeren Temperaturniveau bewegen als die übrigen (Komfort-)Räume. Im Altbau (mit seiner verhältnismäßig schnellen Raumauskühlung) führt das dazu, dass die Flure bei gänzlichem Verzicht auf die Wärmeerzeugeransteuerung zu einer geringen Anzahl von Betriebsstunden beheizt werden, in denen der Wärmeerzeuger bei vorhandenem Schaltkontakt sonst abgeschaltet wäre. Auf den Nutzungsgrad des Wärmeerzeugers ohne Schaltkontakt wirkt sich das leicht positiv aus, da er einen größeren Teil der in Phasen mit abgesenkten Raumtemperaturen bereitgestellten Wärme ins Heiznetz abgeben. Der Energiebedarf der Wärmeverteilung und -übergabe steigt dafür und beide Effekte kompensieren einander.

Zusammengefasst kann über die Ansteuerung des Brennwert-Wandgerätes per Schaltkontakt im simulierten System mit dezentralen Pumpen ein Einsparpotential an Heizenergie ggü. dem Referenzfall mit TRV von 17 % im Neu- und 15 % im Altbau berechnet werden. Im Vergleich zum gänzlichen Verzicht auf die Wärmeerzeugeransteuerung lässt sich auf diese Weise eine zusätzliche Energieeinsparung von bis zu 3 % erschließen, vorzugsweise im hochwärmegedämmten Gebäude.

[42] Wie auch beim Wechsel in den Sommerbetrieb muss die Trinkwassererwärmung ggf. davon unberührt bleiben.

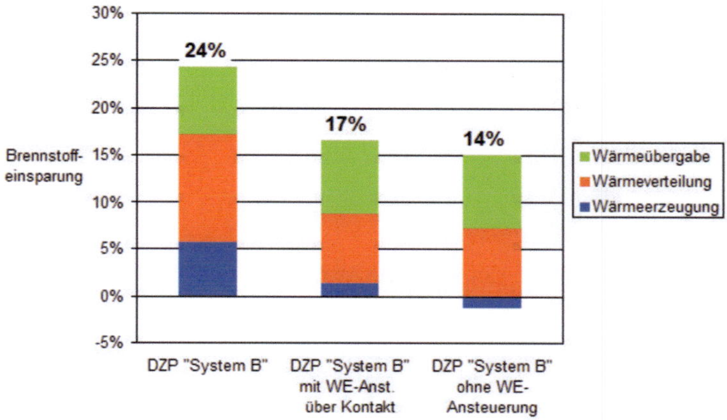

Abb. 3.24: Zusammensetzung des Einsparpotentiales dezentraler Pumpen in Abhängigkeit von der Art der WE-Ansteuerung im EFH-Neubau

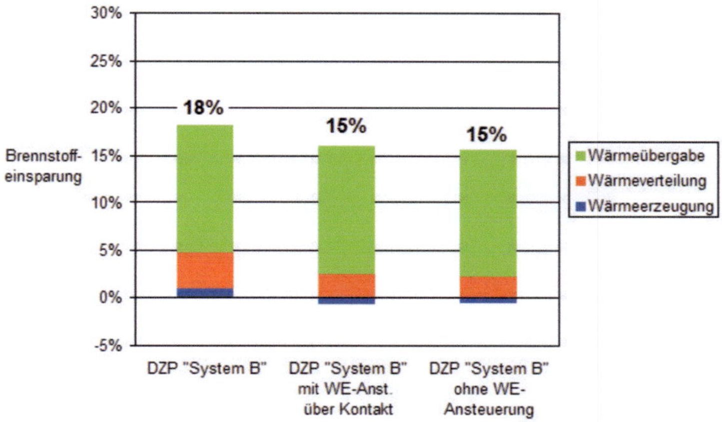

Abb. 3.25: Zusammensetzung des Einsparpotentiales dezentraler Pumpen in Abhängigkeit von der Art der WE-Ansteuerung im EFH-Altbau

Die Abbildungen 3.24 und 3.25 geben die Untersuchungsergebnisse in übersichtlicher Form wieder. Sie verdeutlichen die im Falle eingeschränkter bzw. gänzlich fehlender Wärmeerzeugeransteuerung im System mit DZP bei nahezu gleichbleibenden raumseitigen Energieeinsparungen sich verringernden bzw. in einen Mehrverbrauch verkehrenden Beiträge von Wärmeverteilung und -erzeugung für den Neu- und Altbau (Referenzfall: Basisvariante mit TRV). Es zeigt sich, dass sich der teilweise oder gänzliche Verzicht auf die Kommunikation mit dem Wärmeerzeuger bei der für elektronische Einzelraumregelung typischen, intermittierenden Raumbeheizung ungünstig auf die Effizienz der Brennwerttechnik auswirkt. Die zum Teil negativen Anteile der Wärmeerzeugung bei einem insgesamt positiven Einsparpotential bedeuten, dass der eingeschränkt kommunikationsfähige BW-Wärmeerzeuger zur Abdeckung des deutlich reduzierten Nutzwärmebedarfes einen höheren energetischen Aufwand (bzw. größere Kesselverluste) hat, als zur Bereitstellung des höheren Wärmebedarfes im Referenzfall mit thermostatischer Raumtemperaturregelung .

Intermittierender Heizbetrieb

Die elektronische Raumtemperatur-Regelung ermöglicht, auf komfortable Weise den Heizbetrieb bei Abwesenheit der Nutzer am Tage zu unterbrechen. Mit Hilfe einer automatischen Anheizoptimierung kann sichergestellt werden, dass die Räume mit Beginn der nächsten Nutzungszeit (am Nachmittag) bereits wieder auf die gewünschte Solltemperatur aufgeheizt sind. Eine solche „Tagabsenkung" ist in den Basisvarianten des Einfamilienhauses mit dezentralen Pumpen an den Werktagen vorgesehen (vgl. Abschnitt 3.3.1.2). Dies entspricht bspw. einem typischen Nutzungsprofil werktätiger Familien.

Um den Einfluss einer solchen Tagabsenkung auf den Energiebedarf bewerten zu können, wird abweichend von der Basisvariante im dezentralen Pumpensystem nun an allen Tagen durchgeheizt(V020-DZP). Zwischen Werktagen und Wochenende findet diesbezüglich also keine Unterscheidung mehr statt. Dies könnte einem Nutzungsprofil von Rentnern, Hausfrauen oder Familien mit Kleinkindern entsprechen.

Erfahrungsgemäß sinkt das raumseitige Einsparpotential eines intermittierenden Betriebes mit steigendem Wärmeschutz und zunehmendem Speichervermögen von Heizsystem und Baukonstruktion. Entscheidend ist allerdings die ganzheitliche Betrachtung und diese schließt den Aufwand zur Wärmeerzeugung und -verteilung mit ein.

Abb. 3.26 veranschaulicht die energetischen Auswirkungen. Für den Neubau zeigt sich entgegen den Erwartungen ein leichter Anstieg des Einsparpotentiales an Heizenergie auf 25 %. Zwar sinkt das raumseitige Einsparpotential infolge einer geringfügigen Erhöhung der Wärmeabgabe der Heizflächen (um 1...2 %). Dies wird jedoch durch ein erhöhtes Einsparpotential der Wärmeerzeugung leicht überkompensiert. Das lässt sich damit begründen, dass der Wärmeerzeuger bei durchgehendem Heizbetrieb am Tage auf durchschnittlich niedrigerem Temperaturniveau und mit niedrigeren Belastungsgraden arbeitet (siehe Abb. 3.27). Beides wirkt sich vorteilhaft auf die Effizienz einer Brennwert-Therme aus und bewirkt einen um 2 % verbesserten Nutzungsgrad des Wärmeerzeugers.

Im Gegensatz zu Standard- und Niedertemperaturkesseln weisen Brennwert-Wärmeerzeuger bei sinkendem Belastungsgrad einen zunehmendem Wirkungsgrad auf [82]. Erst bei Lastverhältnissen unterhalb der Modulationsgrenze (mit Taktbetrieb des Wärmeerzeugers) verschlechtert sich die Brennstoffausnutzung wieder. Die gleichmäßigere Betriebsweise unter verminderter Belastung wirkt sich bei Verzicht auf die Tagabsenkung über die Dauer der Heizperiode insgesamt vorteilhaft auf die Brennstoffausnutzung aus. Demgegenüber ist eine stärker intermittierende Betriebsweise mit Tagabsenkung eher von Phasen ohne Heizbetrieb und Aufheizzeiten mit höherem Wärmebedarf geprägt. Der Teillastbetrieb geht hier anteilig zurück.

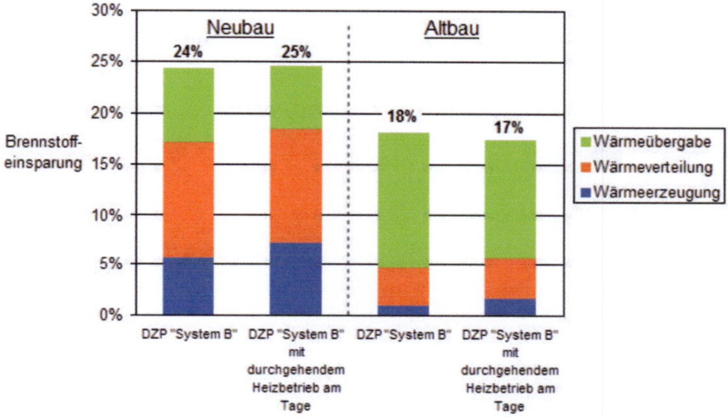

Abb. 3.26: Zusammensetzung des Einsparpotentiales dezentraler Pumpen im EFH in Abhängigkeit von der Gestaltung des intermittierenden Heizbetriebes

Die Wärmeverteilungsleitungen werden beim Verzicht auf eine Tagabsenkung insgesamt längere Zeit durchströmt, aber ebenfalls auf einem niedrigeren Temperaturniveau und bei gleichzeitig erhöhter mittlerer Umgebungstemperatur der Rohrleitungen. Die unterschiedlichen Effekte kompensieren einander und führen dazu, dass sich der energetische Aufwand zur Wärmeverteilung im Neubau nicht spürbar ändert. Insgesamt stellt sich im Vergleich zur DZP-Basisvariante (mit Tagabsenkung) im hochwärmegedämmten Neubau eine marginale Reduzierung des Heizenergiebedarfes ein (-0,3 %).

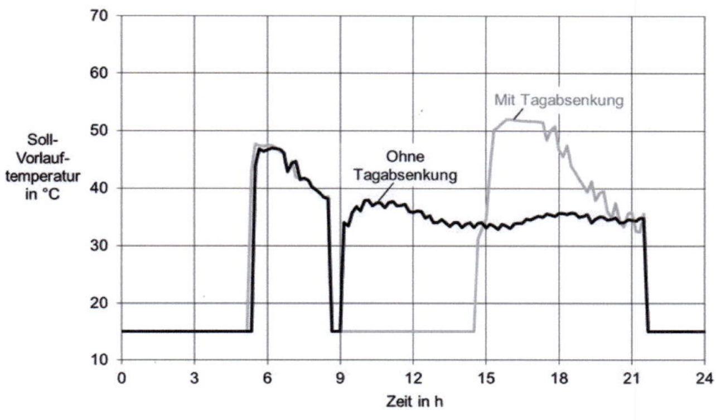

Abb. 3.27: Tagesgang der Soll-Vorlauftemperatur an einem Werktag mit und ohne Tagabsenkphase (ausgewähltes Beispiel, Neubau-DZP)

Im Altbau erhöht sich die raumseitige Wärmeabgabe im dezentralen Pumpensystem bei Verzicht auf die werktägliche Absenkphase etwas stärker als im Neubau (knapp über 2 %). Die Nutzungsgradverbesserung beim Wärmeerzeuger fällt dagegen etwas geringer aus (nur ca. 1 %). Die Rohrwärmeabgabe sinkt im Gegensatz zum Neubau leicht. In der Summe verringert sich das relative Einsparpotential an Heizenergie im Altbau geringfügig auf 17 %. Umgekehrt könnte man sagen, dass im Altbau mit geringem baulichem Wärmeschutz aus der Festlegung werktäglicher Absenkphasen ein zusätzliches Einsparpotential an Heizenergie in der Größenordnung von 1 % resultiert.

Anheiz- und Heiz-Ende-Optimierung

In den simulierten Basisvarianten mit dezentralen Pumpen werden die Möglichkeiten einer adaptiven Anheiz- und Heiz-Ende-Optimierung ausgenutzt. Im Folgenden soll der Beitrag dieser Funktionalität zur Heizenergieeinsparung abgeschätzt werden bzw. der Mehrbedarf, welcher aus dem Verzicht auf eine solche Regelfunktion resultiert.

Zu diesem Zweck erfolgt die Simulation jeweils einer Variante mit dezentralen Pumpen im Alt- und Neubau, bei der abweichend von der Basisvariante die Anheiz- und Heiz-Ende-Optimierung ausgeschaltet wird (V050-DZP). Da im Gegensatz zur Basisvariante nun keine Optimierungsfunktion den Anheizzeitpunkt adaptiv bestimmt, ist diesbezüglich eine Vereinbarung zu treffen. Die Ermittlung des erforderlichen Anheizzeitpunktes geschieht auf der Grundlage typischer Raumtemperaturverläufe des Modellgebäudes unter verschiedensten Lastverhältnissen, jeweils für die beiden betrachteten Wärmeschutzniveaus.

Den Erfordernissen entsprechend erfolgt daraufhin die Festlegung des Aufheizbeginns im Neubau für alle Räume pauschal zu 1,5 Stunden vor dem Beginn einer jeden Nutzungszeit am Morgen bzw. Nachmittag. Im Altbau kühlen die Räume in der nächtlichen Absenkphase wesentlich stärker aus als am Tage. Für das morgendliche Anheizen werden daher 3 Stunden vorgesehen, für das nachmittägliche nur 2 Stunden. Gegenüber dem Referenzfall mit Thermostatregelventilen werden längere Aufheizzeiten benötigt, da die dezentralen Pumpen außerhalb der Komfortzeiten abschalten und die Räume bis auf Stütztemperatur auskühlen können. Thermostatregelventile (mit konstanten Sollwerten) öffnen dagegen in den Absenkphasen, weshalb die Räume weniger weit auskühlen und entsprechend schneller wieder aufgeheizt sind.

Die Umsetzung der Vorgaben für das Anheizen übernimmt die Zeitplanfunktion der Soll-Raumtemperatur. Die Zeitpläne werden entsprechend angepasst. Der Wärmeerzeuger geht bedarfsabhängig in Betrieb. Von einer zusätzlichen, pauschalen Vorverlegung der Heiz-Ende-Zeitpunkte wird hier abgesehen, da raum- und jahreszeitabhängig stark unterschiedlich anfallende Wärmegewinne in den Nachmittags- und Abendstunden diesbezüglich sinnvolle bzw. zweckmäßige Vorgaben praktisch unmöglich machen, wenn Komforteinbußen ausgeschlossen werden sollen[43].

[43] Demgegenüber werden bei einer automatischen Heiz-Ende-Optimierung Komforteinbußen vermieden, indem sich die Abschaltzeitpunkte variabel an die Gegebenheiten anpassen und zusätzlich bei Bedarf ein

Die Auswertung der Simulationsergebnisse zeigt, dass bei Verzicht auf eine Anheiz- und Heiz-Ende-Optimierung das Einsparpotential dezentraler Pumpen im Alt- wie Neubau im Vergleich zur Basisvariante (mit Optimierung) um ca. 1 %p. zurückgeht (Abb. 3.28). Innerhalb der Nutzungszeiten stellt sich ein der Basisvariante vergleichbarer Raumtemperaturkomfort ein. Der Mehrbedarf an Heizenergie wird dadurch hervorgerufen, dass die unflexibel vereinbarten Aufheizzeiträume erwartungsgemäß nicht optimal an die jeweiligen Erfordernisse angepasst sind. Die Soll-Raumtemperaturen werden teilweise deutlich vor Beginn der eigentlichen Komfortzeit erreicht. Des Weiteren entfällt der Einspareffekt der Vorverlegung des Heiz-Endes. Die Zeitdauer der Wärmebereitstellung durch den Wärmeerzeuger und das Heiznetz erhöht sich.

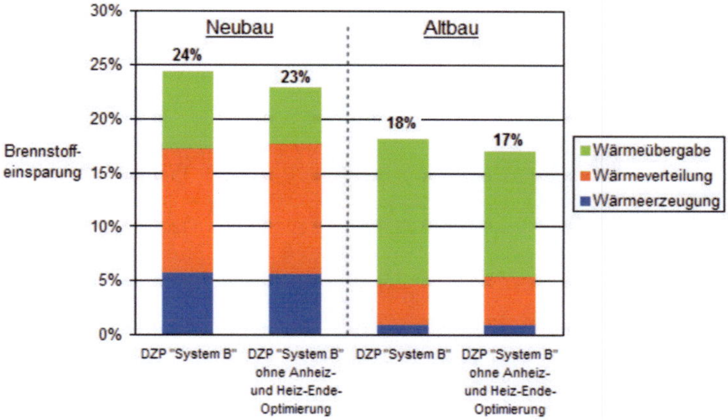

Abb. 3.28: Zusammensetzung des Einsparpotentiales dezentraler Pumpen im EFH in Abhängigkeit von der Nutzung einer Anheiz- und Heiz-Ende-Optimierung

Auf der anderen Seite ergeben sich durch den nun übereinstimmenden Aufheizzeitbeginn aller Räume für die Effizienz der Wärmeerzeugung und -verteilung auch Vorteile. Das parallele Aufheizen aller Räume bewirkt, dass die bedarfsabhängig angeforderten, hohen Vorlauftemperaturen von insgesamt kürzerer Dauer sind. Außerdem fließen während der Aufheizphasen mit hohen Soll-Vorlauftemperaturen verhältnismäßig große Netzmasseströme, so dass die energetisch ungünstige Wirkung des Überströmventiles am Wärmeerzeuger zurückgeht.

Durch die teilweise gegensätzliche Wirkung der verschiedenen Effekte bleibt der energetische Aufwand von Wärmeerzeugung und -verteilung mit und ohne Optimierungsfunktion letztlich in derselben Größenordnung. Lediglich der Aufwand zur Wärmeübergabe im Raum steigt nennenswert. Insgesamt zeigt sich heizenergetisch ein eher geringer Einfluss der Anheiz- und Heiz-Ende-Optimierung.

kontrollierter Rückwechsel zum Heizbetrieb erfolgen kann. Bei einer konstanten Heiz-Ende-Festlegung nach Zeitplan bestehen diese Möglichkeiten nicht.

Schnellaufheizung

Verfügt ein Raum über eine elektronische Regelung mit Zeitplanfunktion und Anheizoptimierung, so ist für geplante Sollwertsprünge der Raumtemperatur (nach Zeitplan) eine Schnellaufheizung aus Komfortgründen nicht erforderlich. Für vom Nutzer spontan angeforderte (außerplanmäßige) Sollwert-Erhöhungen (z. B. durch manuelle Verstellung des Sollwertes an einem Raumbediengerät) kann die Anwendung einer solchen Funktionalität dagegen aus Sicht des Raumtemperaturkomforts sehr vorteilhaft sein. Gleichwohl resultiert daraus im Zusammenhang mit spontanen, also nicht optimierten Aufheizvorgängen ein zusätzlicher Heizenergiebedarf.

Da die Raumtemperatur sehr empfindlich auf Änderungen der Vorlauftemperatur reagiert (siehe hierzu bspw. KNABE [66]), verkürzt sich der Aufheizprozess eines Raumes unter der Wirkung einer Schnellaufheizung mit angehobenen Vorlauftemperaturen in den meisten Fällen merklich. Daher stellt sich die Frage, ob es womöglich aus energetischer Sicht günstig sein kann, auch bei planmäßigen Raumtemperaturerhöhungen auf eine Schnellaufheizfunktion zurückzugreifen.

Elektronisch geregelte, vernetzte Systeme mit bedarfsgeführter Wärmeerzeugeransteuerung ermöglichen die Umsetzung einer dezentral angeforderten Vorlauftemperaturanhebung zum Zwecke der Schnellaufheizung eines oder mehrerer Räume. Das simulierte Regelsystem mit dezentralen Pumpen wird daher um eine solche Möglichkeit zur Schnellaufheizung erweitert[44].

Die Simulation einer Variante mit dezentralen Pumpen, welche die Raumtemperatur nach Zeitplan mit Anheizoptimierung bei aktivierter Schnellaufheizfunktion regeln (V010-DZP), zeigt im Vergleich zur Basisvariante (DZP ohne Schnellaufheizung) einen leichten Anstieg des Heizenergiebedarfes bzw. eine Minderung des Einsparpotentiales um 1...2 % (im Neubau etwas mehr als im Altbau). Bei einer genauen Betrachtung der Zusammenhänge zeichnet sich folgendes Bild ab:

Hinsichtlich der Raumtemperaturen während der Nutzungszeiten ergeben sich keine Änderungen. Der thermische Komfort für den Nutzer bleibt somit auf dem gleichen (hohen) Niveau wie ohne Schnellaufheizung. Die erforderlichen Aufheizzeiträume verkürzen sich jedoch deutlich (um durchschnittlich 25 % im Neubau und um über 45 % im Altbau). Dies bewirkt einen leichten Rückgang der durchschnittlichen Raumtemperaturen außerhalb der Komfortzeiten, vor allem im Altbau. Das Einsparpotential seitens der Wärmeübergabe im Raum erhöht sich dadurch im Altbau geringfügig um ca. 0,5 %p. Im Neubau ist der Einfluss vernachlässigbar.

Während des Aufheizens stellt sich aufgrund der angehobenen Vorlauftemperaturen (oberhalb der Heizkurve) eine vergleichsweise größere Rohrwärmeabgabe ein, allerdings über kürzere Zeiträume, was zusammengenommen zu keiner signifikanten Änderung der Verteilungsverluste führt. Auch für den Wärmeerzeuger verkürzt sich die Betriebszeit, andererseits

[44] Für die Varianten mit TRV ist grundsätzlich keine Schnellaufheizung vorgesehen, da dies in der Praxis eher unüblich und bei geringer nächtlicher Raumauskühlung auch nicht erforderlich ist (vor allem nicht im Zusammenhang mit konstanten Sollwerten, vgl. Abschnitt 3.3.1.2).

untersteht er während des Aufheizens höheren Belastungen. Letzteres wirkt sich negativ auf die Kesselverluste aus. Die damit einhergehende Nutzungsgradverschlechterung des Wärmeerzeugers verursacht schließlich die genannten Einbußen beim Einsparpotential. Abb. 3.29 verdeutlicht die beschriebenen Verhältnisse. Zu ähnlichen Ergebnissen kommt KNORR [69] bei Untersuchungen zur energetischen Wirkung der Schnellaufheizung nach nächtlicher Absenkung beim Einsatz von Brennwertgeräten.

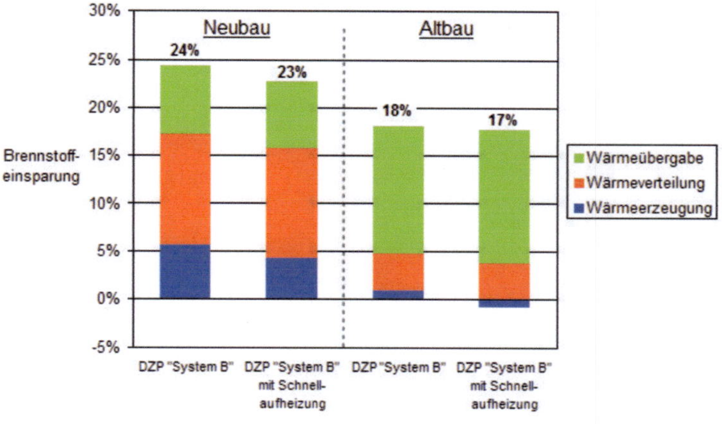

Abb. 3.29: Zusammensetzung des Einsparpotentiales dezentraler Pumpen im EFH für ein optimiertes Aufheizen mit und ohne Schnellaufheizfunktion

Es sei an dieser Stelle darauf hingewiesen, dass bei den vorliegenden Berechnungen mit dezentralen Pumpen von einem übereinstimmenden Nutzungszeitbeginnes aller Räume am Morgen und, mit wenigen Ausnahmen (Bad und Schlafzimmer), auch am Nachmittag ausgegangen wird. Variieren die Zeitpläne der einzelnen Verbraucher stärker, so ist seitens der Wärmeerzeugung und -verteilung ein erheblich größerer energetischer Mehraufwand der Schnellaufheizung zu erwarten. Die hohen Vorlauftemperaturen heben das Temperaturniveau des Wärmeerzeugers sowie des gesamten Heiznetzes dann über längere Zeiträume an, auch wenn jeweils nur einzelne Abnehmer dies anfordern.

Aus den Ergebnissen und Überlegungen kann man die Aussage ableiten, dass die Anwendung einer Schnellaufheizfunktion in Verbindung mit einer vorhandenen Anheiz-Optimierung nicht zu empfehlen ist. Das gilt insbesondere für mit Brennwerttechnik ausgerüstete, hochwärmegedämmte Gebäude und kürzere Absenkphasen.

Wird die Schnellaufheizung im Zusammenhang mit zeitplangesteuerten Aufheizvorgängen ohne Optimierung oder für spontane (außerplanmäßige) Raumtemperaturerhöhungen eingesetzt, so stellt sich in jedem Falle ein Mehrbedarf an Heizenergie ein. Allerdings geht die damit verbundene Verkürzung des Aufheizzeitraumes in der Regel mit einer spürbaren Komfortverbesserung einher (im Gegensatz zu optimierten Aufheizprozessen), was den erhöhten Brennstoffbedarf womöglich rechtfertigt. Bspw. in Räumen mit regelmäßigem

Funktionswechsel, wie etwa Schlaf-/Kinderzimmern oder Schlaf-/Arbeitszimmern, kann das vorzeitige (optimierte) Anheizen unter Umständen unerwünscht sein. In dem Falle bietet die Schnellaufheizung eine geeignete Alternative, um einen Raum nach einer Absenkphase kurzfristig aufheizen zu können.

Unter diesen Gesichtspunkten erscheint es sinnvoll, eine vorhandene Schnellaufheizfunktion raumweise freigeben oder sperren zu können. Auf diese Weise findet eine Art Priorisierung zwischen sparsamem und komfortdominiertem Betrieb statt. Insbesondere im Mietwohnungsbau und bei öffentlich oder gewerblich genutzten Gebäuden empfiehlt sich eine solche Festlegung, da sich bei uneingeschränkter Freigabe der Schnellaufheizung dem Nutzer ein beträchtliches „Verschwendungspotential" eröffnet. Es besteht die Gefahr lang anhaltender Phasen mit angehobener Vorlauftemperatur, wenn abwechselnd jeweils nur einzelne Räume einen Schnellaufheizbedarf anmelden. Ein solcher Betrieb schlägt sich vor allem in einem erhöhten Aufwand zur Wärmeerzeugung und -verteilung nieder und betrifft über die Heizkostenverteilung alle Verbraucher eines Systems.

Außentemperaturabhängigkeit der Betriebsführung

In vernetzten, elektronisch geregelten Systemen mit bedarfsabhängiger Wärmeerzeugeransteuerung stellt sich die Frage, inwieweit die Außentemperatur als Eingangsgröße für die Regelung überhaupt noch benötigt wird oder ob nicht vielmehr auf einen Außentemperatur-Sensor verzichtet werden kann. Anhand der Simulation einer entsprechend angepassten Variante mit dezentralen Pumpen sollen die Auswirkungen auf Heizenergiebedarf und thermischen Komfort bei Vernachlässigung der Außentemperaturankopplung untersucht werden.

Die gedämpfte Außentemperatur dient als Anhaltspunkt für die momentane Heizlast eines Gebäudes und kann innerhalb eines zentralen Einzelraumregelsystems typischerweise in folgende, aus Sicht von Energiebedarf und Komfort relevante Funktionen eingehen:

- in die Berechnung einer theoretischen Heizkurve

  Die Heizkurve kann bei bedarfsgeführter Soll-Vorlauftemperaturregelung bspw. zur Leistungsbegrenzung verwendet werden. Ohne Begrenzung der Soll-Vorlauftemperatur können sonst von den Verbrauchern u. U. Vorlauftemperaturen bis zur Maximaltemperatur des Wärmeerzeugers angefordert werden.

- in die Umschaltung zwischen Heiz- und Sommerbetrieb

  Überschreitet die Außentemperatur eine definierte Heizgrenze, erfolgt ein Wechsel in den Sommerbetrieb. Beim Unterschreiten der Heizgrenze geht die Anlage wieder in den Heizbetrieb.

- in die Anheiz- und Heiz-Ende-Optimierung

Bspw. beim Optimierungsverfahren nach LEIMGRUBER (siehe Abschnitt 2.3.3) leiten sich die Erwartungswerte für das Aufheizverhalten aus den Erfahrungen vergangener Aufheiz- bzw. Abkühlprozesse ab unter Berücksichtigung der Momentanwerte von Raum- und Außentemperatur.

Die Simulation des bedarfsgeführten DZP-Systems ohne Außentemperatursensor (V070-DZP) führt im Ergebnis zu einer geringfügigen Minderung des Einsparpotentiales an Heizenergie von 1...2 %p. (im Neubau etwas mehr als im Altbau). Dies ist beim Altbau ausschließlich auf einen etwas niedrigeren Nutzungsgrad des Wärmeerzeugers zurückzuführen, beim Neubau kommt eine leicht erhöhte Wärmeabgabe der Heizflächen hinzu (Abb. 3.30). Dabei bleibt die Qualität der Raumtemperaturregelung während der Nutzungszeit auf einem ähnlich hohen Niveau wie in der DZP-Basisvariante mit Außentemperaturabhängigkeit der Betriebsführung. Die Auswertung der Häufigkeitsverteilungen der Raumtemperaturregelabweichung zeigt sowohl im Neubau als auch im Altbau nur marginale Abweichungen zur Basisvariante. Daraus kann man schließen, dass die in das Simulationsmodell implementierte, adaptive Anheiz- und Heiz-Ende-Optimierung nach LEIMGRUBER (unter den Bedingungen der Simulation) auch in einem System ohne Außentemperaturbezug zuverlässig funktioniert.

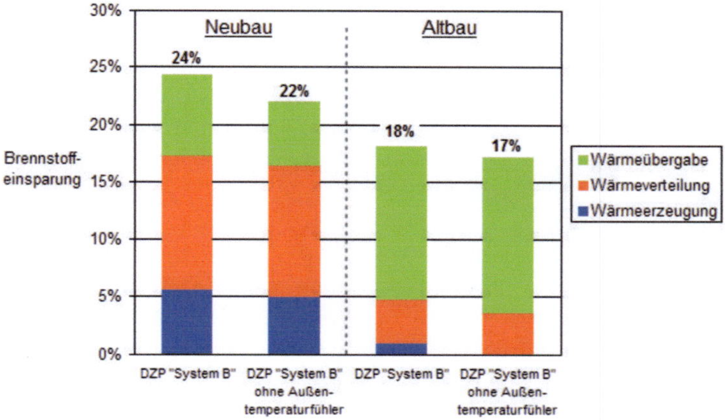

Abb. 3.30: Zusammensetzung des Einsparpotentiales dezentraler Pumpen im EFH mit und ohne Außentemperaturabhängigkeit der Betriebsführung

Bei genauerem Hinsehen zeichnet sich folgendes Bild ab: Durch die Aufhebung der Heizkurve als Soll-Vorlauftemperaturbegrenzung finden im intermittierenden Heizbetrieb die Aufheizvorgänge bei wesentlich höheren Vorlauftemperaturen statt. In der Regel liegen diese oberhalb der Heizkurve. Nach einer Absenkphase mit größerer Raumauskühlung wird während des Anheizens zunächst die maximale Vorlauftemperatur des Wärmeerzeugers angefordert (74 bzw. 75 °C) und zwar solange, bis die Raumtemperatur die Nähe des Sollwertes erreicht und die Regelung anfängt, Pumpe und Vorlauftemperatur herunterzufahren. Auf diese Weise werden, insbesondere bei höheren Außentemperaturen, zusätzliche Leistungsreserven mobilisiert, was die Dauer der Aufheizprozesse deutlich verkürzt. Der Wärmeerzeuger arbeitet währenddessen aber mit höheren Belastungen. Ähnlich dem Fall der Anheiz-Optimierung mit Schnellaufheizung (siehe oben) wirkt sich dies negativ auf den Nutzungsgrad des Brennwert-Gerätes aus.

Die Analyse der Häufigkeitsverteilungen der Vorlauftemperatur des Wärmeerzeugers untermauert diese Aussagen. Im Neubau wird durch Aufhebung der Heizkurve als Soll-Vorlauftemperaturbegrenzung ca. 8 % der Betriebszeit eine Vorlauftemperatur oberhalb 60 °C vom Wärmeerzeuger angefordert, in der Basisvariante mit Außentemperatursensor betrifft dies lediglich 1 % der Betriebszeit. Für den Altbau gelten ähnliche Verhältnisse. Hier liegt die Soll-Vorlauftemperatur in der Variante ohne Außentemperatursensor ca. 15 % der Betriebszeit oberhalb 65 °C, in der Basisvariante dagegen nur zu 2 %.

Die im Neubau leicht erhöhte Wärmeabgabe der Heizflächen lässt sich mit der gegenüber dem Altbau vergleichsweise größeren Leistungsreserve begründen, welche sich im Zusammenhang mit Aufheizvorgängen aus der Aufhebung der Heizkurve als obere Begrenzung der Soll-Vorlauftemperatur erschließen lässt[45]. Die zusätzliche Leistungsreserve bewirkt, dass der Bereich zwischen dem Regelziel der Anheizoptimierung (untere Begrenzung des Komfortbereiches) und der Soll-Raumtemperatur der Nutzungszeit schneller durchlaufen wird. Die Soll-Raumtemperatur stellt sich früher ein, als in der Basisvariante mit tendenziell niedrigeren Vorlauftemperaturen zum Nutzungszeitbeginn. Gleichzeitig stellen sich durch die Verkürzung der Aufheizphasen außerhalb von Komfortzeiten durchschnittlich niedrigere Raumtemperaturen ein. Letzteres ist im Altbau besonders stark ausgeprägt. Beide Effekte kompensieren einander energetisch, weshalb letztlich nur für den Neubau eine erkennbare Änderung des raumseitigen Heizwärmebedarfes resultiert.

Die Simulationsergebnisse gelten unter der Annahme eines unveränderten Nutzerverhaltens. In der praktischen Anwendung führt der Verzicht auf die Heizkurve als Obergrenze der Bedarfsanpassung der Soll-Vorlauftemperaturbegrenzung dazu, dass dem Verbraucher durchgängig eine zusätzliche Leistungsreserve zur Verfügung steht. Diese fällt um so größer aus, je höher die Außentemperatur ist. Aktiviert der Nutzer diese Leistungsreserve, beispielsweise durch Vorgabe erhöhter Soll-Raumtemperaturen und/oder durch Ablüften überschüssiger Heizwärme (man könnte von einer Ausnutzung des „Verschwendungspotentials“ sprechen), können sich die Verhältnisse in erheblichem Maße ändern. Insbesondere in gewerblich oder öffentlich genutzten Gebäuden (Büros, Schulen u. ä.) stellt dies einen häufig anzutreffenden Fall dar, da hier die Heizkosten nicht oder nicht unmittelbar vom Nutzer zu begleichen sind.

Als Beispiel hierfür seien die Simulationsergebnisse einer Variante des DZP-Systems mit Soll-Raumtemperaturen von 24 °C für die Flure und ansonsten 26 °C über den gesamten Tag (7 bis 22 Uhr; nachts 15 °C) bei nicht aktivierter Fensterlüftungserkennung erwähnt (vgl. V071-DZP (ohne Außentemperatursensor) / V090-DZP (mit Außentemperatursensor)). Hier zeigt sich, dass der Verzicht auf die Außentemperaturabhängigkeit der Regelung zu

[45] Im hochwärmegedämmten Gebäude fällt die Differenz zwischen Heizkurve und maximaler Vorlauftemperatur des Wärmeerzeugers etwas größer aus. Überdies sind sowohl die Heizflächen als auch der Wärmeerzeuger stärker überdimensioniert als im Altbau (vgl. Abschnitt 3.3.1.1).

einem Mehrbedarf an Heizenergie in der Größenordnung von 8...9 % führt (im Altbau wegen der niedrigeren verfügbaren Leistungsreserven etwas weniger als im Neubau). Wendet der Nutzer darüber hinaus, anstelle des hier angenommenen Stoßlüftens, Dauerlüften bei gekippten Fenstern an, so ist bei ausreichenden Leistungsreserven ein noch wesentlich höherer Mehrbedarf zu erwarten.

Fensterlüftungserkennung

In den simulierten Basisvarianten mit dezentrale Pumpen ist eine Fensterlüftungserkennung per Schaltkontakt vorgesehen. Das Ziel der Detektion von Fensterlüftungsvorgängen besteht darin, das aus energetischer Sicht als Fehlverhalten anzusehende Fensterlüften bei gleichzeitigem Heizbetrieb zu vermeiden. Es stellt sich die Frage, inwieweit ein Verzicht auf Fensterkontakte bzw. eine Lüftungserkennungsfunktion an sich zu einem Mehrbedarf an Heizenergie führt.

Zu diesem Zweck wird abweichend von der Basisvariante mit dezentralen Pumpen die Lüftungserkennung ausgeschaltet (V040-DZP). In der Folge fahren die Pumpen während des Lüftens mit abnehmender Raumtemperatur hoch und fordern gleichzeitig eine steigende Soll-Vorlauftemperatur an. Dieses Verhalten ist um so stärker ausgeprägt,

- je niedriger die Außentemperatur ist,
- je länger ein Lüftungsvorgang anhält,
- je höher der Außenluftwechsel ausfällt,
- je weniger Wärmegewinne die erhöhte Heizlast kompensieren und
- je flinker die Regeleinrichtung reagiert[46].

Auch die konventionell eingesetzten Thermostatregelventile öffnen bei Fensterlüftung. Der Nutzer könnte dem durch Absenken der Soll-Raumtemperatur für die Dauer der Lüftungsphase entgegenwirken, unabhängig davon, ob es sich um Thermostatregelventile oder dezentrale Pumpen handelt. Wie die Erfahrungen der Praxis zeigen, ist von einem solchen Nutzerverhalten aber eher nicht auszugehen (vgl. Abschnitt 2.3.4). Aufgrunddessen wird in den Basisvarianten mit TRV darauf verzichtet und in der nun zu betrachtenden Variante dezentraler Pumpen (ohne Lüftungserkennung) ebenso.

Die Auswertung des sich bei Verzicht auf eine Lüftungserkennung einstellenden Heizenergiebedarfes zeigt gegenüber der Basisvariante dezentraler Pumpen (mit Lüftungserkennung, V000-DZP) eine Erhöhung von 1,5 % im Neubau und 0,5 % im Altbau. Daraus resultiert im Neubau eine Verringerung des relativen Einsparpotentiales (bezogen auf den Referenzfall mit Thermostatregelventilen) von 1 %p. Im Altbau stellt sich ein marginaler Rückgang des relativen Einsparpotentiales um 0,3 %p. ein (Abb. 3.31).

[46] In der Realität spielen darüber hinaus die Anordnung des Raumtemperatursensors und die Durchmischung der Raumluft (Lüftungseffektivität) eine entscheidende Rolle. In der numerischen Simulation ohne Raumluftströmung sind solche Einflüsse jedoch nicht nachzubilden. Die Trägheit des Raumtemperatursensors wird aber berücksichtigt (über eine Zeitkonstante bzw. Kapazität).

Mit abnehmendem baulichem Wärmeschutz steigt der Anteil des Transmissionswärmebedarfes an der Heizlast. Dadurch bleiben die bei fehlender Fensterlüftungserkennung erhöhten Lüftungswärmeverluste im Altbau energetisch von geringerer Wirkung als im hochwärmegedämmten Neubau. Insgesamt besitzt die Fensterlüftungserkennung vorliegend einen eher geringen Einfluss auf den Heizenergiebedarf. Zu einem ähnlichen Ergebnis kommt bspw. auch KRAFT in [70].

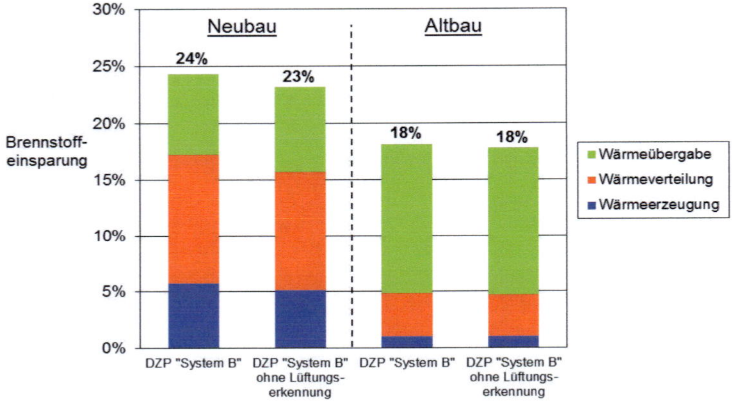

Abb. 3.31: Zusammensetzung des Einsparpotentiales dezentraler Pumpen im EFH in Abhängigkeit von der Nutzung einer Fensterlüftungserkennung

Die energetisch geringe Wirkung der Fensterlüftungserkennung ist zum Einen damit zu begründen, dass auch mit Hilfe intelligenter Regelstrategien nicht verhindert werden kann, dass die im Heizkörper gespeicherte Wärmemenge während eines Lüftungsvorganges abgegeben wird. Des Weiteren wird ein nicht zu vernachlässigender Einfluss der Raumluftströmung vermutet. In der vorliegenden Untersuchung wird darüber hinaus von einer Fensterlüftung in Form von täglich zwei zeitlich begrenzten Stoßlüftungsphasen (... 30 min) ausgegangen. Das Ablüften von Heizenergie ist dadurch nur begrenzt möglich.

Wie bereits an anderer Stelle erwähnt, ist die Bandbreite des Lüftungsverhaltens enorm groß. Dauerlüften bei gekippten Fenstern stellt keinen seltenen praktischen Anwendungsfall dar, insbesondere bei öffentlich oder gewerblich genutzten Objekten (siehe hierzu bspw. die Dissertation von HELLWIG zum Lüftungsverhalten in Bürogebäuden [56]). Hierbei kann die Fensterlüftungserkennung einen wesentlichen Beitrag zur Energieeinsparung leisten. Bei Vorhandensein ausreichend großer Leistungsreserven, welche die erhöhten Lüftungswärmeverluste zu kompensieren vermögen, resultiert sonst ein u. U. erheblicher Mehrbedarf an Heizenergie, vor allem in hochwärmegedämmten Gebäuden. So kommt bspw. NORDMANN [80] im Zuge der Einführung eines Energiemanagements für ein Gebäude mit Lehrbetrieb zu dem Ergebnis, dass die Fensterlüftungserkennung eine wesentliche Energieeinsparung bewirken kann. Ergebnisse von Felduntersuchungen zum Einfluss einer vorhandenen Lüftungserkennung auf das Nutzerverhalten finden sich u. a. auch bei BENECKE [17].

Hydraulischer Abgleich

In herkömmlichen Anlagen erfolgt der hydraulische Abgleich in der Regel im Zuge der Anlageninstallation durch manuelle Voreinstellung von Drosselorganen auf der Grundlage von Bemessungswerten unter Auslegungsbedingungen. Seltener wird eine Anlage mit Hilfe automatischer Differenzdruckregler abgeglichen. Sämtliche Simulationsrechnungen mit TRV basieren auf einem nach den Regeln der Technik abgeglichenen System (siehe Abschnitt 3.3.1.1). Die berechneten Energieeinsparungen dezentraler Pumpen leiten sich somit nicht aus einem fehlenden oder eingeschränkten hydraulischen Abgleich seitens des Referenzfalles ab.

In Systemen mit dezentralen Pumpen ergeben sich verschiedenste Möglichkeiten zur Integration einer Fördermengenbegrenzung. In Abhängigkeit des Entwicklungs- und Optimierungsgrades (mit / ohne Informationsvernetzung, mit / ohne Diagnose der hydraulischen Verhältnisse) sind hier unterschiedliche softwareseitige Lösungen vorstellbar. Verschiedene Ansätze sollen im Folgenden hinsichtlich ihres Einflusses auf Komfort und Energiebedarf untersucht werden.

In den simulierten Basisvarianten mit dezentralen Pumpen wird davon ausgegangen, dass eine kontinuierliche Analyse der hydraulischen Verhältnisse im Heiznetz durchgeführt werden kann. Als einfachste Lösung für den hydraulischen Abgleich bietet sich hier eine Fördermengenbegrenzung durch Vorgabe maximaler Soll-Masseströme an. In der Simulation der Basisvarianten (Ausführung B bzw. V000-DZP) wird auf diese Möglichkeit zurückgegriffen, wobei die Auslegungsmasseströme der Heizflächen den Pumpen als Maximalwertbegrenzung dienen[47].

Insbesondere bei kleinen Gebäuden, wie Einfamilienhäusern, wird aus Kostengründen in der Praxis häufig auf eine detaillierte Anlagenplanung verzichtet. Folglich sind keine genauen Auslegungsmasseströme bekannt. Es wird daher in der Simulation des Weiteren der Fall betrachtet, bei dem der hydraulische Abgleich dezentraler Pumpen in vereinfachter Form über die Vorgabe eines Standardwertes zur Massestrombegrenzung vorgenommen wird. Unter Berücksichtigung von Erfahrungswerten aus Simulation und Praxis erfolgt die Festlegung der Maximalmasseströme vorliegend zu 60 kg/h für den Neubau und 100 kg/h für den Altbau (V100-DZP). Die Auslegungsmasseströme des simulierten Heiznetzes von Neu- und Altbau reihen sich gut in diese Vorgaben ein. Sie bewegen sich beim Neubau im Bereich von 19...51 kg/h und beim Altbau zwischen 40...103 kg/h.

Die Auswertung der Simulationsergebnisse für dezentrale Pumpen mit dieser Art von vereinfachtem hydraulischen Abgleich zeigt im Neubau wie auch im Altbau eine Verringerung des Einsparpotentiales an Heizenergie um ca. 2 %p., hervorgerufen durch eine Erhöhung der Rohrwärmeverluste und eine geringfügige Verschlechterung des Nutzungsgrad der Wärmeerzeugung (Abb. 3.32). Der Raumtemperatur-Komfort kann dabei auf einem den Basisvarianten (V000-DZP) vergleichbaren Niveau gehalten werden. Die Abbildungen A.3 und A.4 im Anhang dokumentieren dies anhand der Häufigkeitsverteilungen der Raumtemperatur-Regelabweichung der gesamten Heizperiode.

[47] Gleiches gilt für das „Idealsystem" (Ausführung A bzw. V001-DZP).

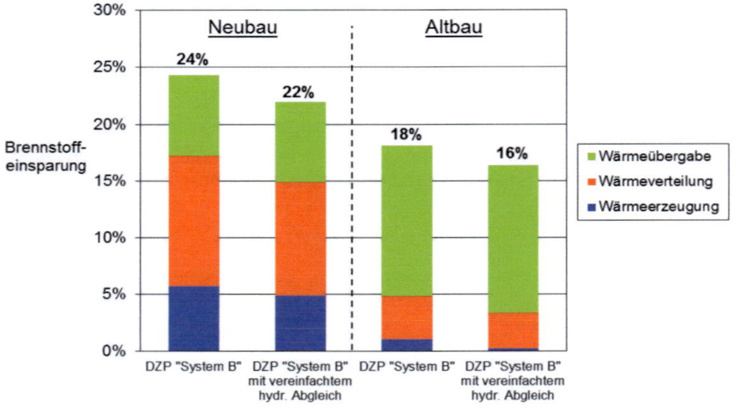

Abb. 3.32: Zusammensetzung des Einsparpotentiales dezentraler Pumpen im EFH in Abhängigkeit von der Art der Realisierung des hydraulischen Abgleichs

Für eine vereinfachte Version des DZP-Systems (Ausführung C) ist in der Simulation die kontinuierliche Analyse der hydraulischen Verhältnisse im Heiznetz nicht angedacht. Folglich muss der hydraulische Abgleich auf andere Art und Weise vorgenommen werden. Eine Lösung bietet die Drehzahlbegrenzung der Pumpen. Entsprechend den Auslegungsmasseströmen erfolgt die Festlegung maximaler Soll-Drehzahlen, unter Beachtung der bei der Anlagenbemessung ermittelten hydraulischen Verhältnisse sowie des Kennfeldes der Pumpen. Dies könnte, entsprechend der gängigen Vorgehensweise bei der Planung herkömmlicher Systeme, im Zuge der Rohrnetz- und Heizflächenbemessung geschehen. Dieser Weg wird vorliegend für die numerischen Untersuchungen der vereinfachten Variante eines dezentralen Pumpensystems gewählt (V200-DZP bzw. Ausführung C der Basisvariante, vgl. Abschnitt 3.3.1.2).

In Anlehnung an den in der Praxis (vor allem bei kleinen Gebäuden) häufig anzutreffenden Fall einer überschlägigen Rohrnetz- und Heizflächenbemessung (Auslegungsmasseströme sind nicht (genau) bekannt), wird in der Simulation darüber hinaus zusätzlich der theoretische Fall eines vereinfachten DZP-Systems gänzlich ohne hydraulischen Abgleich betrachtet. Zu diesem Zweck wird die Drehzahlbegrenzung für alle Pumpen aufgehoben (V210-DZP).

In der Simulation des vereinfachten DZP-Systems (Ausführung C) führt die Vernachlässigung des hydraulischen Abgleichs (Verzicht auf Drehzahlbegrenzung) in Bezug auf den Heizenergiebedarf und Raumtemperaturkomfort für den Neu- und Altbau zu beinahe identischen Ergebnissen wie der Fall mit Drehzahlbegrenzung (siehe Abschnitt 3.3.1.4). Das ist um so bemerkenswerter, da im untersuchten Beispiel eine ausgeprägt intermittierende Beheizung stattfindet. Nach GUZEK [54] führt ein unzureichender hydraulischer Abgleich insbesondere bei intermittierender Betriebsweise zu energetischen Mehraufwendungen. In

Bezug auf die Anlagenhydraulik bestätigt sich dies in gewisser Weise. Hier zeigt sich tatsächlich ein signifikanter Anstieg der durchschnittlichen Netzmasseströme um 25...30 %. Dies lässt auf einen deutlichen Mehrbedarf dezentraler Pumpen an Antriebsenergie schließen, da sich die hydraulische Leistung proportional zur dritten Potenz der Fördermenge verhält.

Der hier festgestellte geringe Einfluss des hydraulischen Abgleichs auf den Heizenergiebedarf ist zum Einen auf die verhältnismäßig geringe hydraulische Leistungsreserve dezentraler Pumpen zurückzuführen, bestätigt in gewisser Weise aber auch die Robustheit und Anpassungsfähigkeit des Gesamt-Regelsystems mit seinen vielfältigen, ineinandergreifenden Regel- und Optimierungsalgorithmen. Dabei ist zu berücksichtigen, dass es sich bei den simulierten Beispielen um optimal ausgelegte und betriebene Anlagen handelt sowie von einem durchschnittlichen Nutzerverhalten ausgegangen wird.

Unter anderen Gegebenheiten, bspw. einem ungünstigeren Nutzerverhalten oder einer Unterdimensionierung von Heizflächen, kann sich grundsätzlich ein weitaus größerer Einfluss des hydraulischen Abgleichs sowohl auf den Energiebedarf als auch den thermischen Komfort (Über- / Unterversorgung einzelner Verbraucher) ergeben. Guzek ermittelt in [54] auf der Basis numerischer Simulationsmodelle maximale heizenergetische Mehraufwendungen von bis zu 7 %.

Für Systeme mit dezentralen Pumpen sind jedoch tendenziell geringere Auswirkungen eines eingeschränkten hydraulischen Abgleichs zu erwarten, da in der Regel eine weniger große hydraulische Leistungsreserve vorhandenen ist als herkömmlich beim Einsatz einer zentralen Pumpe. Darüber hinaus können bei elektronischer Regelung in Verbindung mit einer Informationsvernetzung Diagnosefunktionen ungünstige Betriebszustände detektieren (bspw. anhand von Medientemperaturen) und in geeigneter Weise darauf reagieren.

Neubauten mit Systemtemperaturen von 55/45 °C

Eine gängige Vorgehensweise bei der Planung von Heizungsanlagen hochwärmegedämmter Gebäude ist die Auslegung auf niedrige Systemtemperaturen. In Verbindung mit freien Heizflächen wird hier bis auf ein Temperaturniveau von 55/45 °C heruntergegangen. Insbesondere im Zusammenhang mit der zunehmend Verbreitung findenden Ausnutzung regenerativer Energieträger (wie Solarthermie und Erdwärme) auch für die Raumheizung, erweist sich dies als vorteilhaft. Insofern erscheint es angebracht, das bestehende Einsparpotential vernetzter dezentraler Pumpen für ein hochwärmegedämmtes Gebäude mit einer auf Systemtemperaturen von 55/45 °C bemessenen Heizungsanlage abzuschätzen.

Zu diesem Zweck werden, ausgehend vom EFH-Neubau, Rohrnetz und Heizflächen (Radiatoren) angepasst. Die Vorgehensweise bei der Rohrnetzberechnung und Heizflächendimensionierung sowie dem hydraulischen Abgleich und der Kalibrierung der Thermostatregelventile erfolgt nach demselben Prinzip wie für die jeweilige Basisvariante mit Thermostatregelventilen bzw. dezentralen Pumpen (bei 70/55 °C). Die Heizkurve wird gemäß den nun geltenden Auslegungstemperaturen von 55/45/20/-14 °C (Anstieg 1,03 / Fußpunkt 20 °C) eingestellt.

Um den Einsatzbedingungen der Praxis möglichst nahe zu kommen, wird wiederum in Anlehnung an Erfahrungswerte von Jagnow [60] zusätzlich der Anstieg der Heizkurve mit Hilfe eines Faktors auf eine Steilheit von 1,5 erhöht sowie der Fußpunkt um 2 K angehoben. Die Obergrenze der Heizkurve entspricht unabhängig davon der Auslegungstemperatur von 55 °C. Für den Fall ohne bedarfsgeführte Wärmeerzeugeransteuerung wird die Mindest-Vorlauftemperatur bei Nachtabsenkung zu 35 °C festgelegt.

Die im Vergleich zur Basisvariante des Neubaus geringere Auslegungsspreizung von 10 K (statt 15 K) bewirkt einen Anstieg des Heizmedienstromes unter Auslegungsbedingungen um 50 %. Der Gesamt-Druckverlust des Heizungsnetzes mit Thermostatregelventilen erhöht sich bei der Rohrnetzbemessung um ca. ein Drittel. Für die zentrale Pumpe im Referenzsystem mit Thermostatregelventilen bedeutet dies die Wahl einer höheren Drehzahlstufe (Kennlinie H, Nennarbeitspunkt 640 kg/h bei 400 mbar; vgl. Abb. 3.3). Im simulierten System mit dezentralen Pumpen übernimmt die zentrale Pumpe lediglich die Förderung des (Primär-) Massestromes im Wärmeerzeugerkreis, wofür nach wie vor die niedrigste Drehzahlstufe (A) genügt.

Die dezentralen Pumpen benötigen ebenfalls größere Drehzahlen, um die erhöhten Masseströme zu fördern. Mit einem Auslegungsmassestrom von maximal 77 kg/h bei einer Förderhöhe von 72 mbar liegt die dezentrale Pumpe des hydraulisch ungünstigsten Verbrauchers noch gut innerhalb ihres Kennfeldes (bei ca. 82 % der Maximaldrehzahl; vgl. Abb. 2.1). Alle weiteren Randbedingungen der numerischen Untersuchung, Gebäude, Anlagenbetrieb, Nutzerverhalten, interne Wärmegewinne und klimatische Verhältnisse betreffend, bleiben unverändert.

In der Gegenüberstellung der simulierten Variante mit dezentralen Pumpen (V400-DZP) zum entsprechenden Referenzfall mit Thermostatregelventilen (V050-TRV) zeichnet sich Folgendes ab: Das Einsparpotential dezentraler Pumpen an Heizenergie reduziert sich ggü. der Basisvariante (V000-DZP mit Systemtemperaturen von 70/55 °C) um ca. 1 %p. auf insgesamt 23 % (Abb. 3.33). Der Raumtemperatur-Komfort bleibt mit dezentralen Pumpen auf demselben (hohen) Niveau der Basisvariante. Für die Anlage mit Thermostatregelventilen findet diesbezüglich eine leichte Verbesserung statt. Die durchschnittliche (positive) Regelabweichung der Raumtemperatur sinkt hier von 0,9 K (Basisvariante V000-TRV) auf 0,6 K[48]. Letzteres bewirkt die ausgewiesene Verringerung des relativen Einsparpotentiales dezentraler Pumpen bei niedrigeren Systemtemperaturen. Sie resultiert nahezu vollständig aus dem unter diesen Bedingungen etwas verminderten Aufwand zur Wärmeübergabe im Raum im Referenzfall mit thermostatischer Regelung.

Seitens des Aufwandes für die Wärmeverteilung und -erzeugung zeigen sich bei der vergleichenden Betrachtung beider Systeme dieselben Tendenzen. Die Rohrwärmeverluste sinken infolge der niedrigeren Temperaturen im Heiznetz, der Nutzungsgrad des Brennwert-Gerätes steigt. Die ermittelte absolute Heizenergieeinsparung dezentraler Pumpen für Wärmeerzeugung und -verteilung sinkt leicht, die relative Einsparung verbleibt (bezugnehmend auf

48 Begründet werden kann dies v. a. mit dem geringeren Vorlauftemperatureinfluss bei der Kalibrierung (siehe hierzu auch die Erläuterungen in Abschnitt 3.3.1.2).

den ebenfalls reduzierten Heizenergiebedarf im Referenzsystem) in Höhe der Werte der Basisvariante mit höheren Systemtemperaturen (Abb. 3.33).

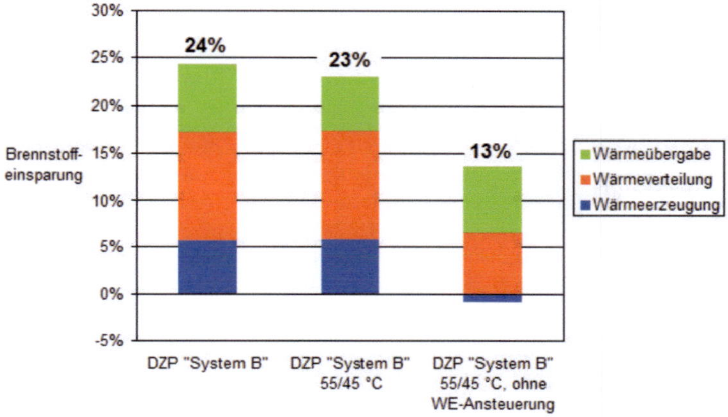

Abb. 3.33: Zusammensetzung des Einsparpotentiales dezentraler Pumpen im EFH-Neubau in Abhängigkeit von den Systemtemperaturen (mit und ohne WE-Ansteuerung)

Das unverändert hohe relative Einsparpotential dezentraler Pumpen seitens der Wärmeerzeugung und -verteilung im hochwärmegedämmten Modellgebäude führt zu der Interpretation, dass die bedarfsgeführte Wärmeerzeugeransteuerung bei den niedrigeren Systemtemperaturen heizenergetisch in vergleichbarer Weise wirksam wird, wie in der Basisvariante mit den eher hohen Auslegungstemperaturen. Bei oberflächlicher Betrachtung widerspricht dies zunächst den Erwartungen, da das Absenkpotential der Soll-Vorlauftemperatur sich aus der Differenz zwischen der theoretischen Heizkurve und der minimalen Wärmeerzeugertemperatur ergibt. Im vorliegenden Fall verläuft die Heizkurve nun flacher als in der Basisvariante, woraus ein vermindertes Absenkpotential resultiert. Ein geringeres Absenkpotential lässt (auch relativ betrachtet) ein niedrigeres Einsparpotential vermuten. Entscheidend ist aber letztlich die tatsächliche Ausnutzung der theoretisch zur Verfügung stehenden Möglichkeiten zur Vorlauftemperaturabsenkung.

Zur Klärung dieses Sachverhaltes erfolgt die Simulation einer Variante mit dezentralen Pumpen (55/45 °C) ohne Wärmeerzeugeransteuerung (V410-DZP). Die Analyse der Ergebnisse führt auf folgende Zusammenhänge:

Grundsätzlich steigt die Ausnutzung von Fremdwärmeeinträgen mit sinkender Auslegungsübertemperatur bzw. wachsender Heizflächengröße[49]. Dies ist auf den sogenannten „Selbst-

[49] Figiel befasst sich in ihrer Dissertation ausführlich mit dieser Thematik [50]. Auf der Basis gekoppelter dynamischer Simulationsrechnungen kommt sie zu dem Schluss, dass die Auswirkung der Auslegungstemperatur einer Heizungsanlage auf die Fremdwärmenutzung als bedeutsam einzustufen ist und die Ausnutzung der Fremdwärme mit sinkender Auslegungsübertemperatur des Heizkörpers steigt.

regeleffekt" zurückzuführen. Das elektronische Regelsystem regiert auf erhöhte Fremdwärmegewinne, indem es die Soll-Vorlauftemperatur bedarfsgerecht zurücknimmt. Absolut sinken die Einsparungen, welche man mit Hilfe einer bedarfsgeführten Wärmeerzeugeransteuerung seitens der Wärmeverteilung bei 55/45 °C erreicht, gegenüber der simulierten Basisvariante daher nur gering. In der Relation zu den grundsätzlich etwas niedrigeren Absolutwerten für den Heizenergiebedarf (auch im Referenzfall mit TRV), stellt sich diesbezüglich ein unverändertes relatives Einsparpotential ein.

Auf das Brennwert-Wandgerät wirken sich die bei einem niedrigeren Temperaturniveau tendenziell höheren Netzmasseströme energetisch vorteilhaft aus und zwar sowohl in Verbindung mit Thermostatregelventilen als auch mit dezentralen Pumpen. Darüber hinaus erreicht der Wärmeerzeuger im simulierten DZP-System durch die bedarfsgerechte Vorlauftemperaturabsenkung (ausgehend von der Heizkurve für 55/45 °C) nun aber Betriebszustände, in denen er über weite Strecken mit größtmöglicher Brennwertnutzung arbeitet[50]. Die Gegenüberstellung der Temperaturverhältnisse am Wärmeerzeuger in den simulierten Varianten mit dezentralen Pumpen bzw. Thermostatregelventilen verdeutlicht dies (Tab. 3.6).

Tabelle 3.6: Heizperiodenmittelwerte der Vor- und Rücklauftemperaturen am Wärmeerzeuger im Neubau mit Auslegung für 55/45 °C

EFH Neubau	System TRV (V050) (55/45°C)	System DZP (V400) (55/45°C)	System DZP (V410) (55/45°C, ohne WE-Ansteuerung)
Soll-Vorlauftemperatur	nach Heizkurve	optimiert	nach Heizkurve
mittlere Vor- / Rücklauftemperatur	48 / 46 °C	35 / 31 °C	48 / 45 °C

Insgesamt resultiert für die Heizungsanlage im hochwärmegedämmten Gebäude mit Auslegung auf Medientemperaturen von 55/45 °C aus der bedarfsgeführten Wärmeerzeugeransteuerung mit dezentralen Pumpen ein zusätzliches Einsparpotential an Heizenergie von 10 % (ggü. einem entsprechenden Referenzfall mit herkömmlichen Thermostatregelventilen). Die diesbezüglichen Ergebnisse der Basisvariante (70/55 °C) erweisen sich in dem Falle als übertragbar.

Bei weiterer Absenkung des Auslegungstemperaturniveaus, etwa in Verbindung mit einer Flächenheizung, wird das relative Einsparpotential jedoch nicht in dieser Höhe verbleiben. Ab einem gewissen Punkt ist keine oder keine signifikante Verbesserung der Brennwertausnutzung mehr möglich. Eigene Untersuchungen zum Modellgebäude (Neubau) mit Fußbodenheizung (Auslegung auf 40/30 °C) führen auf ein Einsparpotential der bedarfsabhängigen Ansteuerung eines BW-Gerätes in der Größenordnung von 6 %.

[50] Die grundsätzlichen Effekte beim Wärmeerzeuger, welche sich in Verbindung mit einer Bedarfsanpassung einstellen (Massestromerhöhung, Rückgang der Wirkung des ÜSV usw.), werden bereits ausführlich im vorausgehenden Abschnitt zur Waermeerzeugeransteuerung dargelegt.

Kombination von Einzeleffekten

Die in den vorangegangenen Abschnitten vorgenommene Bewertung des Einflusses einzelner Randbedingungen auf den Heizenergiebedarf lässt nicht automatisch einen Rückschluss auf das im konkreten Anwendungsfall bestehende Einsparpotential des Gesamtsystems mit dezentralen Pumpen zu. Energetisch zeigt sich teilweise eine gegenläufige Wirkung einzelner Effekte, so dass belastbare Aussagen nur tendenziell und auf der Grundlage einer ganzheitlichen Betrachtung abgeleitet werden können. Dies soll im Folgenden anhand ausgewählter Beispiele verdeutlicht werden.

Als ein Beispiel sei der hochwärmegedämmte Neubau mit vernetzten dezentralen Pumpen bei durchgehendem Heizbetrieb am Tage angeführt (V020-DZP). Hier wirkt sich die Realisierung einer werktäglichen Absenkphase bei Vorhandensein einer Informationsvernetzung zum Wärmeerzeuger marginal auf den Heizenergiebedarf bzw. das resultierende Einsparpotential aus (letzteres sinkt um 0,2 %p.). Dies gilt jedoch nur für den Fall dezentraler Pumpen mit bedarfsgeführter Wärmeerzeugeransteuerung.

Bei nicht vorhandener Wärmeerzeugeransteuerung ändern sich die Verhältnisse in Bezug auf die Effektivität eines intermittierenden Heizbetriebes am Tage für das hochwärmegedämmte Gebäude signifikant. Hier führt nun die Vereinbarung werktäglicher Absenkphasen zu einem zusätzlichen Einsparpotential an Heizenergie von knapp 3 %p. (vgl. V030-DZP (mit Tagabsenkung) / V032-DZP (ohne Tagabsenkung)) und zwar hauptsächlich durch verringerte Rohrwärmeverluste. Es bestätigt sich die Vermutung, dass einzelne Effekte in Kombination einander gegenseitig verstärken oder auch kompensieren können.

Vor diesem Hintergrund erscheint es interessant, den Summeneffekt herauszuarbeiten, welcher sich aus der Wechselwirkung wesentlicher Funktionalitäten eines gedachten Gesamt-Regelkonzeptes für dezentrale Pumpen ergibt. Damit sind insbesondere solche Funktionen gemeint, die in herkömmlichen Systemen i. d. R. so nicht existieren. Zu diesem Zweck wird für den Neu- und Altbau jeweils eine Variante mit dezentralen Pumpen simuliert (V060-DZP), die folgende Abweichungen zur Basisvariante (V000-DZP) aufweist:

- keine Anheiz- und Heiz-Ende-Optimierung,
- durchgehender Heizbetrieb aller Räume am Tage,
- keine bedarfsgeführte Wärmeerzeugeransteuerung und
- keine Fensterlüftungserkennung.

Aus der Gegenüberstellung der Simulationsergebnisse für diese Konstellation zur Ausgangssituation mit komplettem Funktionsumfang kann man ableiten, dass sich durch die Anwendung der genannten Funktionalitäten ein Einsparpotential dezentraler Pumpen an Heizenergie ggü. dem Referenzfall mit Thermostatregelventilen (V000-TRV) von 8...15 % erschließt. Die höhere relative Einsparung stellt sich im hochwärmegedämmten Neubau ein und ist vor allem auf eine effizientere Wärmeerzeugung und -verteilung zurückzuführen. Die höhere absolute Einsparung an Brennstoff ist demgegenüber im Altbau zu verzeichnen. Die reine Addition der Einspareffekte der einzelnen Funktionalitäten, was bei einem einheitlichen Referenzwert mathematisch zulässig ist, lässt ein geringeres Einsparpotential in der Größenordnung von 5...13 % erwarten.

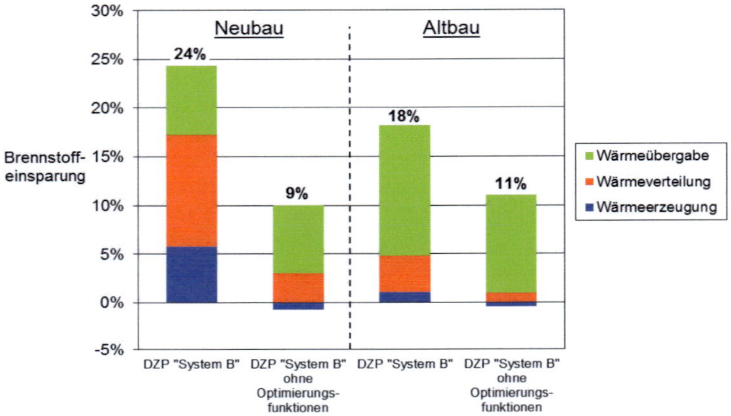

Abb. 3.34: Zusammensetzung des Einsparpotentiales dezentraler Pumpen mit und ohne Optimierungsfunktionen

3.3.1.7 Fazit

Mit Hilfe der gekoppelten dynamischen Gebäude- und Anlagensimulation kann für das Modellgebäude Einfamilienhaus unter realitätsnahen Randbedingungen ein Einsparpotential an Heizenergie vernetzter, elektronisch geregelter Pumpen im Bereich von 22...25 % für den hochwärmegedämmten Neubau und im Bereich von 17...19 % für das Bestandsgebäude mit geringem Wärmeschutz ermittelt werden. Dabei wird ein Gesamt-Regelkonzept für dezentrale Pumpen zugrunde gelegt, welches typische Funktionalitäten zentraler Einzelraumregelsysteme enthält (siehe Abschnitt 3.3.1.2). Die berechneten Einsparungen beziehen sich auf den Referenzfall des mit modernen Thermostatregelventilen ausgestatteten Modellgebäudes und gelten für verschiedene denkbare Entwicklungsstufen eines dezentralen Pumpensystems (Ausführung A („ideal") / B (Basis) / C (vereinfacht)). Aus den Simulationsergebnissen lassen sich darüber hinaus folgende Schlussfolgerungen ziehen:

Die heizenergetischen Vorteile dezentraler Pumpen leiten sich in Gebäuden mit geringem Wärmeschutz (unsanierte Altbauten) vor allem aus den erweiterten Möglichkeiten eines intermittierenden Betriebes ab (Zeitplanfunktion der Soll-Raumtemperatur, Anheiz- und Heiz-Ende-Optimierung), da hier während der Absenkphasen eine deutliche Raumauskühlung erreicht werden kann.

In hochwärmegedämmten Gebäuden (Neubauten) resultiert das Einsparpotential zu einem erheblichen Teil aus der Möglichkeit zur Bedarfsanpassung der Soll-Vorlauftemperatur, wobei durch gezieltes Absenken der Systemtemperaturen der Nutzungsgrad der Wärmeerzeugung erhöht und der Bereitstellungsaufwand der Wärmeverteilung über das Rohrnetz minimiert werden kann. Der Informationsvernetzung ist hier ein besonders hoher Stellenwert beizumessen.

In hochwärmegedämmten Gebäuden bewegt sich die Bezugsgröße für Heizenergieeinsparungen auf einem sehr niedrigen Niveau, weshalb die relativen Einsparpotentiale hier tendenziell höhere Werte annehmen. Die erreichbaren Brennstoffeinsparungen liegen dagegen in der Regel weit unter denen von Bestandsgebäuden mit geringem baulichem Wärmeschutz.

Die Implementierung verschiedener Funktionalitäten in ein Gesamt-Regelkonzept, welches die Wechselwirkung der Regelalgorithmen untereinander berücksichtigt und im Sinne einer Gesamtsystem-Optimierung bestmöglich aufeinander abstimmt, fördert ein robustes, energetisch effizientes und von hohem thermischem Komfort geprägtes Betriebsverhalten. Dies bestätigt sich vorliegend auch unter anspruchsvollen Verhältnissen, wie etwa bei einem fehlenden oder eingeschränkten hydraulischen Abgleich, einem nicht vorhandenen Außentemperatursensor oder bei eingeschränkter Kommunikationsfähigkeit des Wärmeerzeugers.

Im optimierten Zusammenspiel der Regelalgorithmen verstärkt sich die energetisch vorteilhafte Wirkung einzelner Funktionalitäten. Unabhängig von der Zielstellung eines effizienten Anlagenbetriebes kann nichtsdestotrotz durch Integration entsprechender Funktionalitäten (z. B. Schnellaufheizfunktion, Fußbodentemperierung u. ä.) den individuell unterschiedlichen Komfortansprüchen und Prioritäten der Nutzer Genüge getan werden.

Die Simulationsergebnisse bestätigen des Weiteren die auf der Grundlage verschiedener messtechnischer Untersuchungen in unbewohnten Versuchshäusern (Einfamilienhäuser) ermittelten Brennstoffeinsparungen in der Größenordnung von 19...20 %.

Die bisherigen Untersuchungsergebnisse lassen für öffentlich oder gewerblich genutzte Gebäude ein noch größeres Einsparpotential vernetzter dezentraler Pumpen vermuten. Darüber hinaus stellt sich die Frage, inwieweit die Ergebnisse des Einfamilienhauses auf größere (Wohn-)Gebäude übertragbar sind. Die Klärung dieser Fragestellungen soll im Mittelpunkt der weiteren Ausführungen stehen.

3.3.2 Andere Gebäudetypen

Bei der Ausweitung der numerischen Untersuchungen auf unterschiedliche Gebäudetypen erscheint es sinnvoll, sowohl hinsichtlich der Gebäudegröße als auch der Nutzungsart bzw. Funktion zu unterscheiden. Im Folgenden werden Berechnungen zur Abschätzung des Einsparpotentials vernetzter dezentraler Pumpen in

- einem Mehrfamilienhaus als Neubau nach EnEV 2007,
- einem Mehrfamilienhaus als Bestandsgebäude nach WSchVO 1977 und
- einem Bürogebäude als Neubau nach EnEV 2007

durchgeführt und die Ergebnisse einer vergleichenden Betrachtung unterzogen. Bei der Modellierung der Gebäude und Heizungsanlagen, der Wahl der Randbedingungen und Einstellwerte sowie der Durchführung und Auswertung der Simulation wird nach dem bereits bekannten und im Zuge der Untersuchungen zum Einfamilienhaus erläuterten Prinzip vorgegangen. Die Ausführungen dazu beschränken sich daher an dieser Stelle auf wesentliche Abweichungen bei den Randbedingungen oder Modellen.

In Abschnitt 3.3.1.2 wird bereits darauf hingewiesen, dass für das dezentrale Pumpensystem mehrere Entwicklungs- bzw. Optimierungsstufen denkbar sind. Die Mehrzahl der Berechnungen zum Einfamilienhaus, insbesondere die weiterführenden Untersuchungen unter variierenden Gegebenheiten, beruhen auf der so bezeichneten Ausführungsart B (ohne „ideale“ Wärmeerzeugereinbindung). Für die Berechnungen zum Mehrfamilienhaus und Bürogebäude wird ebenfalls auf die Systemart B zurückgegriffen. Dies ermöglicht eine Gegenüberstellung zu den umfangreichen Ergebnissen und Tendenzen, welche sich für das Einfamilienhaus abgezeichnet haben.

3.3.2.1 Mehrfamilienhaus

Modellbeschreibung

Für die vorliegenden Untersuchungen wird in Anlehnung an [77] ein Mehrfamilienhaus mit 3 Vollgeschossen und nicht ausgebautem Spitzdach gewählt. Die langen Gebäudefassaden weisen eine Nord/Süd-Orientierung auf, die Giebel zeigen dementsprechend nach Osten/Westen. Das Gebäude besitzt 2 Treppenhäuser. Aus den Treppenaufgängen besteht in jeder Etage der Zugang zu je 2 Wohnungen. Es handelt sich durchgängig um 3-Raum-Wohnungen mit je 5 beheizten Räumen (Wohnzimmer, Kinderzimmer, Schlafzimmer, Küche, Bad; jeweils 1 Plattenheizkörper pro Raum) und einem unbeheizten Flur. Insgesamt verfügt der Gebäudekomplex über 12 Wohneinheiten mit 62 freien Heizflächen auf einer beheizten Wohnfläche von ca. 1000 m^2. Abb. B.1 im Anhang vermittelt einen Eindruck des gewählten Modellgebäudes.

Die Baukonstruktion wird entsprechend einer typischen Bauweise für ein Wärmeschutzniveau nach EnEV 2007 bzw. WSchVO 1977 gewählt. Daraufhin lässt sich für den hochwärmegedämmten Neubau nach DIN 4108-6 [31] ein spezifischer Jahresheizwärmebedarf von ca. 30

$kWh/(m^2a)$ berechnen („3-Liter-Haus"). Für das angenommene Bestandsgebäude resultiert ein spezifischer Jahresheizwärmebedarf von ca. 140 $kWh/(m^2a)$. Zur Kompensation der Norm-Heizlasten von ca. 38 kW im Neubau bzw. 90 kW im Altbau werden geeignete Brennwert-Wandgeräte namhafter Hersteller gewählt und die relevanten Produktkennwerte den zugehörigen Datenblättern entnommen.

Das für den Neubau gewählte Wandgerät besitzt eine Nenn-Wärmebelastung von 46 kW und kann seine Leistung gleitend anpassen bis zu einer Modulationsuntergrenze von 25%. Die Einhaltung der Mindestumlaufwassermenge von 150 l/h gewährleistet eine integrierte Umwälzpumpe in Verbindung mit einem Überströmventil. Der Wärmeerzeuger für den Altbau weist eine Nenn-Wärmebelastung von 98 kW und eine Modulationsuntergrenze von 28% auf. Ein Überströmventil ist nicht vorhanden. Stattdessen wird von Herstellerseite der Anschluss des Gerätes an das Heiznetz über eine hydraulische Weiche gefordert. Die geräteinterne Umwälzpumpe fördert unter diesen Bedingungen netzunabhängig einen konstanten Massestrom. Die Höhe dieses Massestromes wird (in Anpassung an den Auslegungsmassestrom der Anlage) über die Wahl einer Drehzahlstufe festgelegt. Eine weitere zentrale Umwälzpumpe bzw. dezentrale Pumpen übernehmen die Förderung im Sekundärnetz (verbraucherseitig).

Zur Wärmeverteilung wird das Gebäude analog zum Einfamilienhaus (Basisvarianten) mit einem Heizungsnetz im 2-Rohr-Prinzip versehen und auf Systemtemperaturen von 70/55/20 °C im Neubau bzw. 75/55/20 °C im Altbau ausgelegt. Die Heizflächenbemessung erfolgt ebenfalls nach demselben Prinzip wie im Einfamilienhaus (siehe Abschnitt 3.3.1.1). Mit Ausnahme der Heizkörper-Anbindungen werden sämtliche Rohrleitungsabschnitte mit Wärmedämmung versehen, im Altbau ebenso wie im Neubau. Hinsichtlich der Rohrverlegung erfolgt eine Unterscheidung in „horizontale" und „vertikale" Verteilung (siehe die Abbildungen B.2 und B.3 des Anhanges). Bei der mehr horizontalen Verlegung wird das Heizmedium über 2 Steigestränge mit daran anschließenden, wohnungsweisen Ringleitungen im Gebäude verteilt (insgesamt 870 m verlegtes Rohr). Für die Variante mit „vertikaler" Verteilung ist eine Ringleitung an der Kellerdecke mit darauf aufbauender, strangweiser Anbindung übereinanderliegender Räume vorgesehen (insgesamt 530 m Rohrlänge).

Beide Verlegearten sind bei größeren (Wohn-)Gebäuden häufig anzutreffen. Da der Einfluss der Wärmeverteilung auf den Endenergiebedarf aufgrund der ausgedehnteren Netze womöglich eine größere Rolle spielt, findet bei den Berechnungen zum Mehrfamilienhaus diesbezüglich eine zusätzliche Variation statt[51]. Hierfür wird zunächst der Neubau vorgesehen, da die Erfahrungen aus den Untersuchungen zum Einfamilienhaus zeigen, dass bei höherem Wärmeschutz des Gebäudes die Wärmeabgabe der Verteilungsleitungen im Verhältnis zum Endenergiebedarf des gesamten Gebäudes einen größeren Anteil einnimmt[52].

[51] Mit zunehmender Gebäudegröße hat das Heizmedium von der Wärmeerzeugung bis zu den Verbrauchern einen durchschnittlich weiteren Strömungsweg zurückzulegen. Dies ist mit einer verstärkten Auskühlung bzw. höheren Rohrwärmeabgabe verbunden.

[52] Die Verhältnisse können sich verschieben, wenn hinsichtlich der Rohrwärmedämmung und/oder der Systemtemperaturen zwischen Neu- und Altbau sehr große Unterschiede bestehen. Dies ist hier nicht der Fall.

Gleiches gilt in der Regel auch für das diesbezüglich bestehende, relative Energieeinsparpotential.

Den Anlagenbetrieb betreffend wird auch beim Mehrfamilienhaus von einer Heizgrenze von 10 °C für den Neubau und 15 °C für den Altbau ausgegangen. Bei höheren Werten der gedämpften Außentemperatur wechselt der Wärmeerzeuger in den Sommerbetrieb. Die Heizkurven zur außentemperaturabhängigen Soll-Vorlauftemperatursteuerung orientieren sich wiederum an den Auslegungstemperaturen unter Berücksichtigung der von JAGNOW in [60] angegebenen Erfahrungswerte für praxisübliche Einstellungen in Mehrfamilienhäusern.

Die Festlegungen zum Außenluftwechsel und den internen Wärmegewinnen richten sich nach einer für Wohngebäude typischen und in den Abschnitten zum Einfamilienhaus beschriebenen Nutzungsweise. Da in größeren Gebäuden von einer wesentlich stärkeren Variation hinsichtlich des Fensterlüftungsverhaltens der Nutzer auszugehen ist, wird hier nicht von einer (zeitgleichen) Stoßlüftung aller beheizten Räume ausgegangen. Stattdessen werden die Festlegungen zum Außenluftwechsel der beheizten Räume so getroffen, dass innerhalb der gedachten Anwesenheitszeit von Personen ein hygienischer Mindestluftwechsel von ca. 0,5 h^{-1} vorherrscht. Außerhalb der Anwesenheitszeiten und für die unbeheizten Flure sowie Nebenräume (wie Keller und Treppenhaus) werden Außenluftwechsel zwischen 0,1...0,3 h^{-1} vereinbart.

Die Sollwerte der Thermostatregelventile resultieren aus einer Kalibrierung unter Auslegungsbedingungen auf die Empfindungstemperatur von 20 °C (Bäder: 22 °C, Treppenhäuser 15 °C). Für die dezentralen Pumpen werden unter Ausnutzung der entsprechenden Regelfunktion Zeitpläne der Sollraumtemperaturen umgesetzt. Diese sehen eine werktägliche Absenkphase von 8:30-16:00 Uhr vor (Stütz- bzw. Mindest-Solltemperatur 18 °C). Ansonsten wird für alle zu beheizenden Räume zwischen 7 und 22 Uhr eine Solltemperatur von 20 °C (Bad 22 °C) gefordert. Für die Treppenhäuser gilt abweichend davon durchgängig die Solltemperatur von 15 °C. Hier findet nur eine Art Temperierung statt. Wie zuvor in Abschnitt 3.3.1.2 im Zusammenhang mit dem Einfamilienhaus diskutiert, wird auch beim Mehrfamilienhaus für beide Systeme (TRV / DZP) ein identisches Nutzerverhalten (ohne Eingriff in die Raumtemperaturregelung) angenommen.

Ergebnisse

Die Simulationsergebnisse zum Einsparpotential dezentraler Pumpen im Bereich größerer Wohngebäude sollen hier zunächst nur in Kürze dargestellt werden, um einen Überblick zu verschaffen. Die Übereinstimmungen und Unterschiede zu den bisherigen Ergebnissen sowie die sich abzeichnenden Tendenzen werden anschließend im Abschnitt 3.3.3 einer eingehenden Betrachtung unterzogen. Dabei werden sämtliche, im Rahmen dieser Arbeit für kleinere und größere sowie gewerblich genutzte Gebäude gesammelten Erfahrungen und Ergebnisse in die Bewertung eingeschlossen mit dem Versuch, verallgemeinerungsfähige Aussagen ableiten zu können.

Für das Mehrfamilienhaus zeigt sich eine Heizenergieeinsparung des simulierten dezentralen Pumpensystems gegenüber einer konventionellen Ausrüstung mit Thermostatregelventilen von 18 % im Neubau und 16 % im Altbau. Auch hier fallen die relativen Einsparungen beim Bestandsgebäude etwas niedriger aus und resultieren dort überwiegend aus einer effizienteren Wärmeübergabe im Raum. Im hochwärmegedämmten Neubau besteht demgegenüber auch im Mehrfamilienhaus vor allem seitens der Wärmeverteilung ein erhöhtes relatives Einsparpotential, insbesondere bei (horizontaler) Etagenverteilung. Abb. 3.35 dokumentiert die Ergebnisse.

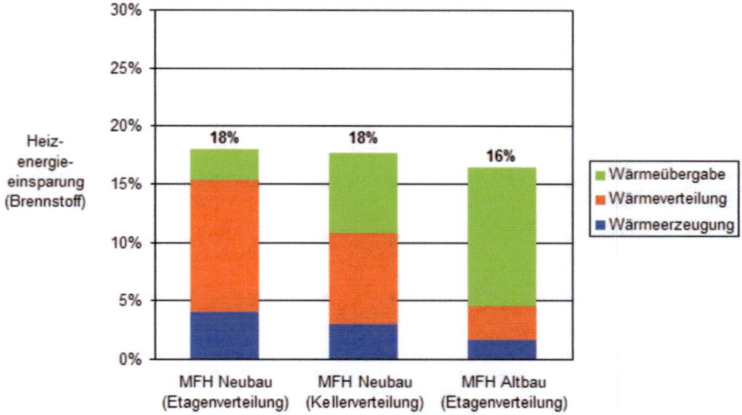

Abb. 3.35: Einsparpotential dezentraler Pumpen im Mehrfamilienhaus gegenüber einem Referenzfall mit Thermostatregelventilen

Bei Kellerverteilung mit vertikalen Steigsträngen verschiebt sich ein Teil der Heizenergieeinsparung in Richtung der Wärmeübergabe im Raum. Dies lässt sich mit der bei Kellerverteilung insgesamt kürzeren Rohrleitungslänge begründen, die aber zu einem höheren Anteil im unbeheizten Bereich liegt. Die Rohrwärmeabgabe geht insgesamt zurück, vor allem aber die in den beheizten Zonen. In der Folge steigt die (kontrollierte) Wärmeabgabe über die Heizflächen. Das relative Einsparpotential dezentraler Pumpen seitens der Wärmeübergabe im Raum (über die Heizkörper) erhöht sich daher im Vergleich zur Etagenverteilung. Bezüglich der Rohrwärmeabgabe sinkt die Heizenergieeinsparung.

Hinsichtlich der Effizienz der Wärmeerzeugung zeigt sich die Verlegungsart vorliegend von geringem Einfluss. Die bei Kellerverteilung festgestellte höhere (kontrollierte) Wärmeabgabe über die Heizflächen bewirkt, dass die dezentralen Pumpen bedarfsgeführt im Durchschnitt etwas höhere Vorlauftemperaturen anfordern. Der Nutzungsgrad des Wärmeerzeugers sinkt dadurch im Vergleich zur Etagenverteilung geringfügig um ca. 1 %.

Dieser Effekt wird jedoch über die höhere raumseitige Einsparung nahezu vollständig kompensiert, so dass sich in der Summe unabhängig von der Verlegeart für das hochwärmegedämmte Mehrfamilienhaus ein relatives Einsparpotential in Höhe von 18 % zeigt. Damit bewegt es sich für größere Wohngebäude auf einem etwas niedrigeren Niveau als im Einfamilienhaus. Das gilt für den Neubau wie auch für das Bestandsgebäude. Das in größeren Wohngebäuden tendenziell geringere relative Einsparpotential zentraler Einzelraumregelsysteme zeigt sich auch in anderen theoretischen Arbeiten, wie bspw. von Kraft [70].

3.3.2.2 Bürogebäude

Modellbeschreibung

Für die numerischen Untersuchungen zum Bürogebäude wird in Anlehnung an [77] ein Modellgebäude gewählt, welches durch Modifikation des bereits beschriebenen Modellgebäudes Mehrfamilienhaus (in der Ausführung als Neubau mit Etagenverteilung) entsteht. Die Außenmaße bleiben dabei erhalten. Anpassungen werden hinsichtlich der Raumaufteilung und der Fassadengestaltung vorgenommen. Die Anzahl der Räume verringert sich, die Größe einzelner Räume erhöht sich. Des Weiteren wird auf jeder Etage ein die Räume verbindender, durchgehender Korridor vorgesehen. Die beheizte Nutzfläche erhöht sich leicht auf 1100 m^2 bei insgesamt 50 Räumen (Büros, Teeküchen, WC's). Die Beheizung erfolgt nach wie vor über 62 Plattenheizkörper. Die Abbildungen C.1 und C.2 des Anhanges vermitteln einen Eindruck des Modell-Bürogebäudes.

Moderne Bürogebäude werden in der Regel mit einem (gegenüber Wohngebäuden) deutlich größeren Fensterflächenanteil versehen. Daher werden bei dem hier verwendeten Modellgebäude die Fensterflächen auf das 2- bis 3-fache des Mehrfamilienhauses erhöht. Die Baukonstruktion wird entsprechend angepasst, so dass das Gebäude auf einem vergleichbaren Wärmeschutzniveau bleibt (spezifischer Jahresheizwärmebedarf 36 $kWh/(m^2a)$).

Bei einem erhöhten Fensterflächenanteil ist der ordnungsrechtlich und normativ geforderte sommerliche Wärmeschutz (EnEV 2007 [6] bzw. DIN 4108-2 [29]) ohne Weiteres nicht einzuhalten. Zu diesem Zweck wird, einer für die Praxis typischen Maßnahme entsprechend, für das Modellgebäude eine verstellbare Außenverschattung vorgesehen. Die Verstellung der Verschattungseinrichtung wird in der Simulation automatisch gesteuert, wobei die Verschattung mit Hilfe eines konstanten Verstärkungsfaktors in Abhängigkeit der direkten Solarstrahlungsleistung (senkrecht zur Fensterfläche) variabel anpasst wird bis zu einem maximalen Verschattungsfaktor von 84 %[53].

Trotz Außenverschattung stellen sich in hochwärmegedämmten Bürogebäuden auch innerhalb der Heizperiode nicht selten Situationen ein, in denen es zum Ablüften überhöhter Wärmeeinträge durch den Nutzer kommt. Solche Betriebssituationen treten bspw. in der Übergangszeit beim (vorübergehenden) Auftreten hoher interner und/oder solarer Lasten auf. Dieses, für Bürogebäude typische Nutzerverhalten soll in den vorliegenden Untersuchungen Berücksichtigung finden, da es von nicht zu vernachlässigendem Einfluss auf den Heizenergiebedarf

53 Der Regler wird so konfiguriert, dass unterhalb einer Strahlungsleistung von 30 W/m^2 keine Verschattung stattfindet und bei 50 W/m^2 das Maximum erreicht ist. Die Wahl der Einstellungen erfolgt in Anlehnung an Untersuchungen der TU Dresden zum Nutzerverhalten und der Wirksamkeit von Maßnahmen des sommerlichen Wärmeschutzes im Rahmen des Verbundvorhabens „LowEx" [77].

sein kann. Gegenüber dem hochwärmegedämmten Mehrfamilienhaus ergeben sich daher weitere Änderungen, die im Folgenden beschrieben werden.

Der Außenluftwechsel über Fugen und Fenster wird für das Modell-Bürogebäude wie folgt definiert: Für alle beheizten Räume wird während der anzunehmenden täglichen Anwesenheitszeit von 7-18 Uhr ein Außenluftwechsel von durchschnittlich 0,5 h^{-1} vorgesehen, um den hygienischen Mindest-Anforderungen gerecht zu werden. Dabei wird für die Büroräume von einem konstanten Grundluftwechsel in Höhe von 0,1 h^{-1} ausgegangen sowie zusätzlich an den Werktagen von drei halbstündigen Stoßlüftungsphasen mit einem Außenluftwechsel von 3 h^{-1}. Die Stoßlüftungsphasen werden für die einzelnen Büros unterschiedlich über den Arbeitstag verteilt. Grundsätzlich wird für jedes Büro jeweils eine Stoßlüftungsphase am Vormittag (im Zeitraum zwischen 9:30 und 11 Uhr), über die Mittagszeit (zwischen 12 und 13:30 Uhr) und am Nachmittag (zwischen 14:30 und 16 Uhr) vereinbart. Für die (nicht innenliegenden) WC's erfolgt die Festlegung eines konstanten Außenluftwechsels von 0,5 h^{-1} über die gesamte Dauer der Büroarbeitszeit. Für die Teeküchen wird das Lüftungsmuster der Büroräume übernommen, die Stoßlüftungsphasen werden zeitlich aber anders organisiert. Hier wird eine Stoßlüftung von 13:30-14:30 sowie von 16-16:30 angenommen. Alle übrigen (unbeheizten) Zonen, wie Flure, Treppenhäuser, Kellerräume, werden mit einem konstanten Grundluftwechsel von 0,1 h^{-1} beaufschlagt.

Das zusätzliche Ablüften überhöhter Fremdwärmeeinträge wird in der Simulation mit Hilfe eines Zweipunkt-Reglers für jeden beheizten Raum nachgebildet. Der Zweipunkt-Regler reagiert auf die Empfindungstemperatur. Überschreitet diese den Wert von 24 °C, wird von einer Stoßlüftung ausgegangen und der Außenluftwechsel auf 3 h^{-1} gesetzt (Zweipunkt-Regler $\rightarrow$ AUF). Sobald sich die Raumtemperatur wieder bis auf 22 °C abgekühlt hat, wird das Ablüften beendet (Zweipunkt-Regler $\rightarrow$ ZU) und der Außenluftwechsel nimmt den für diesen Raum zum jeweiligen Zeitpunkt vorgesehenen Wert an (siehe oben).

Die Festlegungen zu den Sollraumtemperaturen und internen Wärmelasten (durch Personen, Geräte, Beleuchtung) orientieren sich an einer für Bürogebäude typischen Nutzungsweise. Es wird von einer Anwesenheit der Nutzer Mo-Fr von 7-18 Uhr ausgegangen. Während der Büroarbeitszeit wird für alle Büros und Teeküchen eine Sollraumtemperatur von 20 °C gefordert, für die WC's 18 °C. An den Werktagen findet ein durchgehender Heizbetrieb statt. Außerhalb der angenommenen Nutzungszeit erfolgt mit dezentralen Pumpen über eine Zeitplanfunktion die Absenkung der Soll-Raumtemperaturen bis auf minimal 15 °C. Die Betriebszeiten des Wärmeerzeugers richten sich hier nach den Erfordernissen (bedarfsgeführte Ansteuerung). Die Festlegung täglicher Nutzungszeiten entfällt für den Wärmeerzeuger.

Für das Bürogebäude mit thermostatischer Raumtemperaturregelung werden am Wärmeerzeuger Nutzungszeiten vorgegeben und zwar montags von 1-18 Uhr und Di-Fr von 6-18 Uhr. Das entspricht montags einer 6-stündigen Aufheizphase nach 55 Stunden Wochenendabsenkung. An den übrigen Werktagen (mit jeweils 12-stündiger Nachtabsenkung) wird nur eine Stunde zur Aufheizung vorgesehen[54]. Während der Nutzungszeiten stellt das Brennwert-

[54] Die Festlegung dieser Anheizzeiten beruht auf Testergebnissen zum dynamischen Verhalten des gewählten Modellgebäudes und stellt eine praxisrelevante Einstellung dar.

Wandgerät die Soll-Vorlauftemperatur nach Heizkurve bereit. Außerhalb der Nutzungszeiten wird der Wärmeerzeuger oberhalb einer gedämpften Außentemperatur von 5 °C abgeschaltet und ansonsten im abgesenkten Betrieb gefahren. Oberhalb der Heizgrenze von 10 °C erfolgt der Wechsel in den Sommerbetrieb. Letzteres gilt auch für den Wärmeerzeuger in der Simulation mit dezentralen Pumpen.

Hinsichtlich der internen Wärmegewinne kommen die in DIN 4108-6 [31] angegebenen Richtwerte für Bürogebäude zur Anwendung. Aus der Umsetzung dieser Vorgaben resultiert eine durchschnittliche interne Wärmelast der beheizten Zonen von 6 W/m^2 (15 W/m^2 während der Büronutzungszeiten, ansonsten 2 W/m^2).

Ergebnisse

Für das hochwärmegedämmte Bürogebäude erfolgt an dieser Stelle wiederum nur eine überblicksartige Darstellung der Simulationsergebnisse. Hinsichtlich einer detaillierteren, vergleichenden Betrachtung der Resultate sei auf den nachfolgenden Abschnitt 3.3.3 verwiesen.

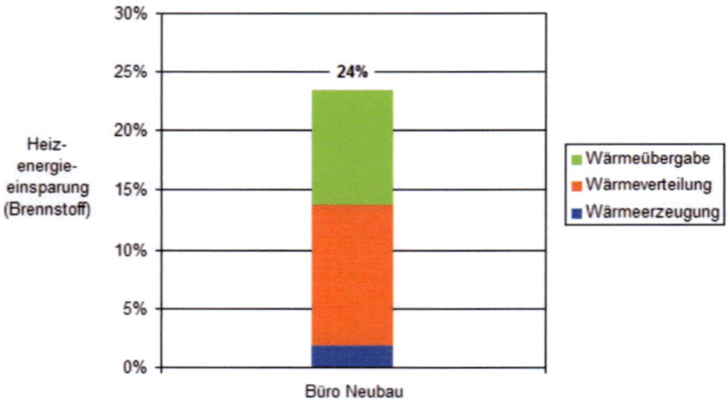

Abb. 3.36: Einsparpotential dezentraler Pumpen im Bürogebäude gegenüber einem Referenzfall mit Thermostatregelventilen

Abb. 3.36 dokumentiert das für das untersuchte Modell-Bürogebäude ermittelte Einsparpotential an Heizenergie des simulierten Systems mit dezentralen Pumpen gegenüber einem mit konventionellen Thermostatregelventilen. Es zeigt sich ein insgesamt recht hohes Niveau der relativen Einsparungen von 24 %. Gut die Hälfte dieses Einsparpotentiales resultiert aus einer vergleichsweise effizienteren Wärmeverteilung im Gebäude. Weitere 40 % sind der verbesserten Wärmeübergabe im Raum zuzuordnen.

Die Wärmeerzeugung trägt im Bürogebäude verhältnismäßig wenig zur Energieeinsparung bei. Dies ist vor allem auf die recht geringe Betriebszeit des Wärmeerzeugers zurückzuführen, auch im konventionellen Referenzfall (ohne bedarfsgeführte Ansteuerung). Im Gegensatz zu

Wohngebäuden ist es bei Büros möglich und üblich, über die Zeitsteuerung des Wärmeerzeugers wesentlich längere Nachtabsenkphasen und zusätzliche Wochenendabsenkungen zu programmieren. Zudem kühlt das Mauerwerk mit zunehmender Dauer von Absenkphasen stärker aus. In den vergleichsweise kurzen Betriebszeiten werden daher durchschnittlich größere Heizleistungen benötigt, um das Mauerwerk wieder aufzuheizen. Der Teillastbetrieb geht anteilig zurück. Das Potential zur bedarfsgeführten Vorlauftemperaturabsenkung dezentraler Pumpen vermindert sich.

3.3.3 Vergleichende Betrachtung aller Untersuchungsobjekte

Wie bereits mehrfach erwähnt, soll die vergleichende Betrachtung aller bisherigen Untersuchungsergebnisse Gegenstand dieses Abschnittes sein. Dabei sollen die wesentlichen Unterschiede oder auch Gemeinsamkeiten der verschiedenen Gebäudetypen herausgearbeitet werden. Abb. 3.37 gibt einen ersten Überblick über die Ergebnisse der Basisvarianten von Einfamilienhaus, Mehrfamilienhaus und Bürogebäude[55].

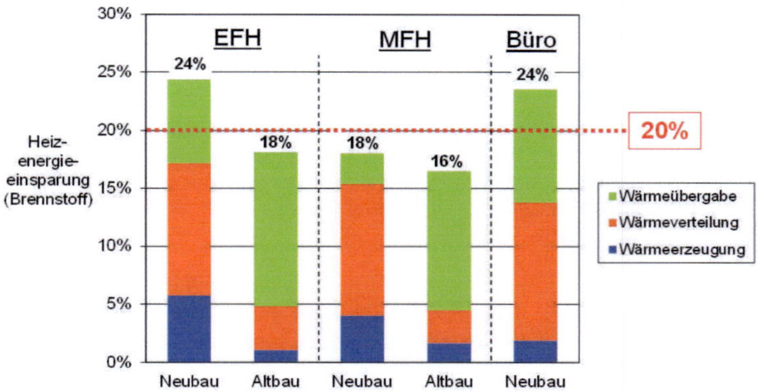

Abb. 3.37: Relatives Einsparpotential dezentraler Pumpen an Heizenergie gegenüber einem Referenzfall mit Thermostatregelventilen in Abhängigkeit vom Gebäudetyp

Für das Dezentrale Pumpensystem lässt sich gegenüber einem konventionellen Referenzsystem mit Thermostatregelventilen unter realitätsnahen Einsatzbedingungen ein durchschnittliches Einsparpotential an Heizenergie bzw. Brennstoff (an der Gebäudegrenze) in der Größenordnung von 20 % feststellen.

Betrachtet man die verschiedenen Gebäudetypen, so zeigen sich doch signifikante Unterschiede. Diese bestehen weniger hinsichtlich der Höhe des Einsparpotentiales insgesamt, als vielmehr in Bezug auf die Aufteilung der Einsparungen auf die Bereiche der Wärmeübergabe im Raum, der Wärmeverteilung und der Wärmeerzeugung (letzteres in allen Fällen mit Hilfe

55 Für das Mehrfamilienhaus werden die Ergebnisse der Etagenverlegung wiedergegeben.

einer Brennwert-Therme). Aufschlussreich erweist sich hier die getrennte Darstellung der Einsparpotentiale, welche sich aus den einzelnen Teilbereichen ergeben. Hier bietet sich für jeden Abschnitt der „Bedarfskette" ein konkreter Vergleich von

- Alt- und Neubau,
- kleinen und großen (Wohn-)Gebäuden,
- Wohn- und Bürogebäuden an.

Im Folgenden wird für jeden Bereich, in dem ein Heizenergiebedarf entsteht, die Höhe des ermittelten Einsparpotentials in Abhängigkeit vom Gebäudetyp und der Gebäudegröße differenziert betrachtet.

3.3.3.1 Wärmeübergabe im Raum

Vergleich Neubau – Altbau

Außerhalb von Komfortzeiten stellt sich in thermostatisch geregelten Anlagen ohne Informationsvernetzung ein vergleichsweise höheres Temperaturniveau ein. Dies lässt sich damit begründen, dass der Wärmeerzeuger während der Nichtnutzungszeiten nur bei höheren Außentemperaturen abgeschaltet werden kann. Bei tieferen Außentemperaturen arbeitet er im Absenkbetrieb mit reduzierter Heizkurve, um eine unkontrollierte, übermäßige Raumauskühlung zu vermeiden. Ein deutliches Absenken der Raumtemperaturen ist im Absenkbetrieb ohne Nutzereingriff nicht möglich, da die Thermostatregelventile dem Raumtemperaturabfall durch stärkeres Öffnen entgegenwirken.

Bei elektronischer Einzelraumregelung mit bedarfsabhängiger Wärmeerzeugeransteuerung setzt der Heizbetrieb außerhalb von Komfortzeiten erst dann ein, wenn die Temperatur eines oder mehrerer Räume bis auf die vorgegebene Stütztemperatur abgefallen ist. Eine Unterscheidung zwischen Absenk- und Abschaltbetrieb ist seitens der Wärmeerzeugung nicht notwendig. Aufgrund des geringeren baulichen Wärmeschutzes ist der Mehrbedarf an Heizenergie außerhalb von Komfortzeiten in Altbauten ohne Einzelraumregelsystem besonders hoch, mithin das Einsparpotential dezentraler Pumpen (Abb. 3.38).

Vergleich Einfamilienhaus – Mehrfamilienhaus

Außerhalb von Komfortzeiten stellen sich in Anlagen mit thermostatischer Raumtemperaturregelung im Mehrfamilienhaus tendenziell höhere Raumtemperaturen ein als im Einfamilienhaus. Hierfür lassen sich mehrere Ursachen finden. Zum Einen ist im Mehrfamilienhaus das Rohrnetz vergleichsweise weiter ausgedehnt und verzweigt sowie von durchschnittlich größerer Nennweite. Die damit verbundene höhere Rohrwärmeabgabe bewirkt in Nichtnutzungszeiten mit Absenkbetrieb eine verminderte Gebäudeauskühlung (bei vergleichbarem Wärmeschutz).

Darüber hinaus ist mit einer zunehmenden Anzahl der Wohneinheiten von einer geringeren Gleichzeitigkeit der Nutzung(szeiten) auszugehen. Das Verteilnetz wird also über durchschnittlich längere Zeiträume durchströmt, wobei das Heizmedium auf dem Weg bis zum Verbraucher vergleichsweise stärker auskühlt. Insgesamt sinkt (bezogen auf das Gesamtsystem) für größere Gebäude der Anteil der von den Heizflächen in die Räume kontrolliert abgegebenen Wärme.

Somit erfolgt, insbesondere für Anlagen ohne Einzelraumregelsystem, im Mehrfamilienhaus gegenüber dem Einfamilienhaus eine teilweise Verlagerung des energetischen Aufwandes von der Wärmeübergabe (über die Heizflächen) zur Wärmeverteilung (über das Rohrnetz). Das relative Einsparpotential dezentraler Pumpen fällt daher im Mehrfamilienhaus seitens der Wärmeübergabe im Raum etwas geringer aus. Einen gewisse Anteil daran hat auch der Umstand, dass bei der Kalibrierung der Thermostatregelventile im Mehrfamilienhaus der Vorlauftemperatureinfluss aufgrund der stärkeren Abkühlung des Heizmediums bis zum Heizkörper schwächer ausgeprägt ist (siehe Abschnitt 3.3.1.2).

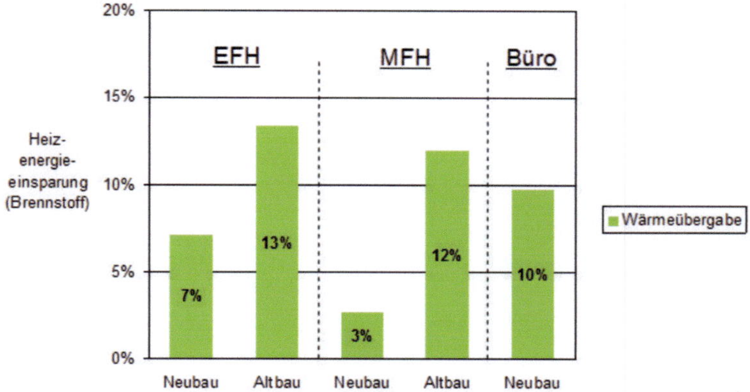

Abb. 3.38: Relatives Einsparpotential dezentraler Pumpen bei der Wärmeübergabe im Raum

Vergleich Wohngebäude – Bürogebäude

In Bürogebäuden lassen sich nutzungsbedingt längere Absenkphasen realisieren als in Wohngebäuden (nachts und zusätzlich an den Wochenenden). Des Weiteren stellen sich in Bürogebäuden, aufgrund des typischerweise besonders hohen Fensterflächenanteils und einer größeren Belegungsdichte mit Personen und Geräten, höhere Fremdwärmegewinne ein. Diese Gewinne können mit Hilfe einer flinken und präzisen elektronischen Raumtemperaturregelung besonders gut ausgenutzt werden. Beide Aspekte führen dazu, dass mit dezentralen Pumpen im hochwärmegedämmten Bürogebäude gegenüber hochwärmegedämmten Wohngebäuden eine größere Einsparung seitens der Wärmeübergabe im Raum erzielt werden kann.

In der Praxis erhöht sich das Einsparpotential darüber hinaus beim Dauerlüften bzw. Ablüften von Fremdwärmegewinnen ohne manuelle Unterbrechung der Heizwärmezufuhr, was in öffentlich oder kommerziell genutzten Gebäuden ein regelmäßig anzutreffendes Nutzerverhalten darstellt. Der damit verbundene energetische Mehraufwand lässt sich bei elektronischer Regelung mit einer automatischen Fensterlüftungserkennung weitestgehend eliminieren.

3.3.3.2 Wärmeverteilung

Vergleich Neubau – Altbau

Die Unterschiede hinsichtlich des Einsparpotentiales der Wärmeverteilung resultieren vorliegend nicht aus einem unterschiedlichen Dämmstandard der Rohrleitungen. Die Rohrleitungen sind im Neu- und Altbau gleichermaßen entsprechend den Anforderungen der Energieeinsparverordnung [6] mit Wärmedämmung versehen.

Die Abweichungen ergeben sich vielmehr daraus, dass sich die Höhe der flächenspezifischen Fremdwärmegewinne (durch solare Einstrahlung, Personen, Geräte, Beleuchtung) für jedes der untersuchten Wohngebäude unabhängig vom baulichen Wärmeschutz in einer ähnlichen Größenordnung bewegt. Daraufhin fällt der Anteil der Wärmegewinne, welche zur Kompensation der im Neubau wesentlich niedrigeren Transmissions- und Lüftungswärmeverluste wirksam werden, deutlich höher aus als im Altbau. In einem Einzelraumregelsystem mit Informationsvernetzung besteht die Möglichkeit zur Anpassung der Vorlauftemperatur an die zeitlich veränderlich wirkenden Wärmegewinne. Im Neubau kann die Heizmedientemperatur aufgrund der erwähnten Verhältnisse häufiger und stärker abgesenkt werden als im Altbau (siehe hierzu auch Abschnitt 3.3.1.6). Das bewirkt eine besonders starke Reduzierung der Verteilungswärmeverluste mittels vernetzter dezentraler Pumpen im hochwärmegedämmten Neubau (Abb. 3.39).

Darüber hinaus sind, wie bereits erläutert, in Anlagen ohne Informationsvernetzung die Möglichkeiten zur Realisierung einer Wärmeerzeugerabschaltung aufgrund fehlender Rückkopplung begrenzt. Während des Heizbetriebes entsteht zwangsläufig ein energetischer Mehraufwand der Wärmeverteilung. Demgegenüber ist ein zentrales Einzelraumregelsystem außerhalb von Komfortzeiten häufig ganz abgeschaltet, wenn sich die Raumtemperaturen oberhalb des definierten Mindestwertes befinden. Das betrifft vor allem hochwärmegedämmte Neubauten, da hier die Räume bei Heizunterbrechung sehr langsam auskühlen. In diesen Zeiträumen können sich, abgesehen von der Auskühlung des in den Rohrleitungen befindlichen Heizmediums, keine weiteren Verteilungsverluste einstellen.

Vergleich Einfamilienhaus – Mehrfamilienhaus – Bürogebäude

Das Einsparpotential vernetzter dezentraler Pumpen bewegt sich für alle untersuchten Gebäudearten und -größen bei ähnlichem Wärmeschutz auf einem vergleichbaren Niveau. Dieser Umstand resultiert aus der Tatsache, dass sich für jede Konstellation spezielle Vorzüge in

Bezug auf eine besonders effiziente Wärmeverteilung mit Hilfe vernetzter dezentraler Pumpen ergeben. Folgende Zusammenhänge lassen sich feststellen:

In Bürogebäuden stellen sich wegen des typischerweise großen Fensterflächenanteils und der hohen Belegungsdichte mit Personen und Geräten verhältnismäßig hohe Wärmegewinne ein. Damit ist der Anteil von Fremdwärmegewinnen an der Deckung der Wärmeverluste besonders hoch. Über die Bedarfsanpassung der Vorlauftemperatur kann ein zentrales Einzelraumregelsystem sehr gut darauf reagieren und ein entsprechend hohes Einsparpotential erschließen.

In größeren (Wohn-)Gebäuden steigt der Anteil der unkontrolliert über die Rohrleitungen an das Gebäude abgegebenen Wärme (s. o.). Dies gilt um so mehr für das in Anlagen ohne Rückkopplung zum Wärmeerzeuger vorzuhaltende, für extreme Bedingungen ausgelegte hohe Vorlauftemperaturniveau. Insbesondere für die von einer eher niedrigen Gleichzeitigkeit der Benutzung gekennzeichneten größeren Wohngebäude resultiert daraus bei nicht vorhandener Einzelraumregelung ein erhöhter Aufwand der Wärmeverteilung. Bei Verwendung dezentraler Pumpen (mit der Möglichkeit zum intermittierenden Heizbetrieb mit Vorlauftemperaturoptimierung) leitet sich daraus ein entsprechend hohes heizenergetisches Einsparpotential ab.

Gegenüber größeren Wohngebäuden besteht beim Einfamilienhaus aufgrund der geringen Anzahl von Bewohnern eine höhere Homogenität bzw. Gleichzeitigkeit der Nutzung. Die Vorlauftemperaturen können hier über eine Bedarfsanpassung besonders weit und häufig abgesenkt werden.

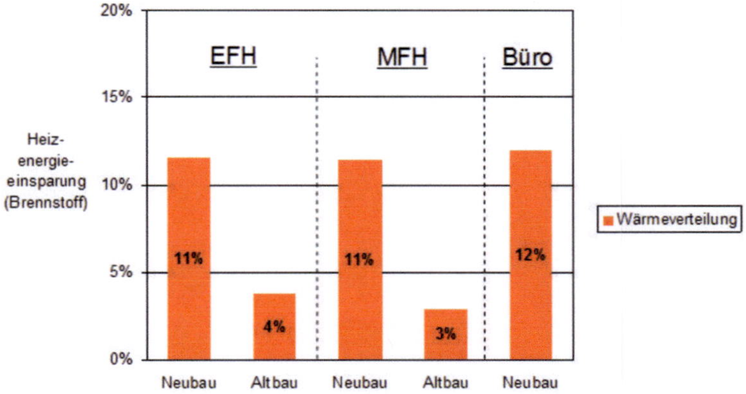

Abb. 3.39: Relatives Einsparpotential dezentraler Pumpen bei der Wärmeverteilung

3.3.3.3 Wärmeerzeugung

Vergleich Neubau – Altbau

Bei kleineren Gebäuden arbeiten konventionelle Wärmeerzeuger (insbesondere Brennwert-Wandgeräte) im Altbau zumeist effizienter als im Neubau, weshalb sich im Altbau diesbezüglich ein geringeres Einsparpotential eröffnet. Begründen lässt sich dieser Umstand zum Einen damit, dass im Altbau der Wärmeerzeuger hinsichtlich seiner Leistung besser an den Wärmebedarf angepasst ist. Im Neubau wird er üblicherweise auf die zur Trinkwassererwärmung erforderliche Leistung bemessen und ist für den Heizbetrieb überdimensioniert. Daraus resultiert eine erhöhte Takthäufigkeit des Wärmeerzeugers im Neubau, wenn die erforderliche Heizleistung über längere Zeiträume unterhalb der Modulationsgrenze liegt.

Darüber hinaus fließt durch die tendenziell größeren Anlagenvolumenströme im Altbau über das für Wandgeräte typische Überströmventil ein durchschnittlich kleinerer Massestrom als im Neubau. Für die Brennwertnutzung ist das von Vorteil (geringere Rücklauftemperaturanhebung). Regelfunktionen, welche zu einer Verbesserung der Brennwertnutzung führen, können ihre Wirkung daher vor allem im Neubau entfalten. Eine solche Regelfunktion ist die in das Gesamt-Regelkonzept für dezentrale Pumpen implementierte bedarfsgeführte Wärmeerzeugeransteuerung (siehe Abschnitt 3.3.1.6).

Eine signifikante Wirkung auf den Aufwand zur Wärmeerzeugung zeigt die Bedarfsregelung vor allem für kleinere Gebäude. Bei größeren Gebäuden gehen die diesbezüglichen Unterschiede zwischen Neu- und Altbau zurück (Abb. 3.40).

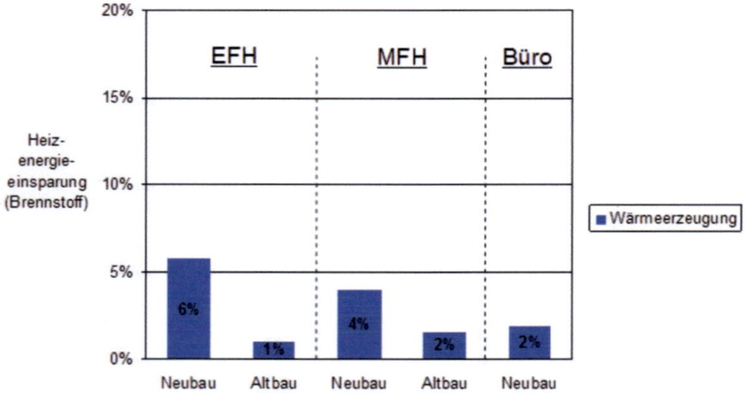

Abb. 3.40: Relatives Einsparpotential dezentraler Pumpen bei der Wärmeerzeugung (Gas-Brennwertgerät)

Vergleich Einfamilienhaus – Mehrfamilienhaus

In Mehrfamilienhäusern kann mit Hilfe einer Bedarfsanpassung durchschnittlich keine so hohe Absenkung der Vorlauftemperatur am Wärmeerzeuger erreicht werden wie in Einfamilienhäusern. Auch lassen sich die Phasen mit kompletter Abschaltung der Wärmeerzeugung weniger weit ausdehnen. Als Hauptursache ist die in größeren Wohngebäuden vorzufindende höhere Anzahl von Verbrauchern mit unterschiedlichen Nutzerprofilen zu nennen. Sie bewirkt, dass über vergleichsweise längere Zeiträume ein Bedarf zur Anforderung verhältnismäßig hoher Vorlauftemperaturen besteht.

Des Weiteren kühlt sich das Heizmedium auf dem Weg zum Heizkörper aufgrund der größeren Ausdehnung des Rohrnetzes im Mehrfamilienhaus vergleichsweise stärker ab. Dieser Temperaturabfall wird bei bedarfsgerechter Versorgung teilweise über eine höhere Soll-Vorlauftemperatur am Wärmeerzeuger kompensiert[56].

Nicht zuletzt ist der Wärmeerzeuger in größeren Gebäuden hinsichtlich seiner Leistung in der Regel besser an die erforderliche Heizleistung angepasst als in kleineren Gebäuden. Modulierende Geräte unterschreiten die Modulationsgrenze in größeren Gebäuden seltener und wechseln daher weniger häufig in den energetisch ungünstigen Taktbetrieb. Aus den genannten Gründen fällt das seitens der Wärmeerzeugung bestehende Einsparpotential dezentraler Pumpen bei größeren Wohngebäuden tendenziell geringer aus als in Einfamilienhäusern.

Vergleich Wohngebäude – Bürogebäude

Bürogebäude kennzeichnet eine ausgeprägt intermittierende Betriebsweise. Die im Vergleich zu Wohngebäuden erheblich längeren Absenkzeiten führen hier in Bezug auf die Effizienz der Wärmeerzeugung zu einer gegenseitigen Kompensation unterschiedlicher Effekte. Zum Einen erfordern längere Nichtnutzungszeiten mit unterbrochenem oder abgesenktem Heizbetrieb im Anschluss längere Wiederaufheizphasen. Der Teillastbetrieb geht anteilig zurück. Während einer Aufheizphase wird der Wärmeerzeuger mit hoher Vorlauftemperatur und unter hoher Kesselbelastung betrieben. Beides wirkt sich ungünstig auf den Nutzungsgrad von Brennwerttechnik aus.

Auf der anderen Seite besteht im Regelbetrieb, aufgrund der verhältnismäßig hohen Fremdwärmeeinträge, ein recht hohes Potential zur Vorlauftemperaturabsenkung. Dies wirkt sich wiederum positiv auf die Effizienz der Wärmeerzeugung aus. Letzteres kann im vorliegend untersuchten Bürogebäude den erstgenannten Effekt jedoch nur teilweise kompensieren. Insgesamt zeichnet sich für Bürogebäude seitens der Wärmeerzeugung ein gegenüber (vor allem kleineren) Wohngebäuden niedrigeres heizenergetisches Einsparpotential dezentraler Pumpen ab.

[56] Die erhöhte Rohrwärmeabgabe wird anteilig bei der Raumheizung wirksam, weshalb die stärkere Auskühlung des Heizmediums im Rohrnetz nicht vollständig über die Sollwertvorgabe für den Wärmeerzeuger kompensiert werden muss.

3.3.4 Fazit

Zusammenfassend lassen sich folgende Tendenzen ableiten:

In Gebäuden mit hohem Wärmeschutz sind anteilig mehr Fremdwärmegewinne an der Deckung von Wärmeverlusten beteiligt als in (unsanierten) Altbauten. Dies gilt insbesondere für Gebäude mit einem großen Fensterflächenanteil und hohen inneren Wärmelasten, bspw. Büros. Über eine bedarfsabhängige Betriebsweise kann hier mit vernetzten dezentralen Pumpen eine vergleichsweise stärkere Anpassung (Absenkung) der Vorlauftemperatur erfolgen. Daraus resultiert für hochwärmegedämmte Gebäude ein erhöhtes Einsparpotential an Heizenergie seitens der Wärmeverteilung und der Wärmeerzeugung.

In weniger gut gedämmten Bestandsgebäuden kühlen die Räume bei einer Unterbrechung der Wärmezufuhr wesentlich schneller aus. Deshalb können hier mit elektronisch geregelten, dezentralen Pumpen die Phasen mit kompletter Abschaltung der Heizungsanlage weniger weit ausgedehnt werden. Ein Stützbetrieb mit abgesenkten Temperaturen ist wesentlich häufiger erforderlich. Auch deshalb fällt das Einsparpotential seitens der Wärmeverteilung und -erzeugung in hochwärmegedämmten Gebäuden höher aus. Demgegenüber lassen sich in Altbauten mit elektronischer Raumtemperaturregelung größere Einsparungen bei der Wärmeübergabe im Raum erzielen.

Ohne Informationsvernetzung besteht vor allem bei kleineren, gut gedämmten Gebäuden wegen der häufig besonders niedrigen Anlagenmasseströme (aufgrund zu hoher Vorlauftemperaturen) ein erhöhtes Einsparpotential durch verbesserte Brennwertnutzung. Für kleinvolumige Geräte kann mit Hilfe einer bedarfsgeführten Soll-Vorlauftemperaturregelung vernetzter dezentraler Pumpen der für den Brennwerteffekt ungünstige Einfluss eines Überströmventiles zu großen Teilen kompensiert werden.

Mit zunehmender Gleichzeitigkeit der Wärmeanforderungen der einzelnen Verbraucher wachsen die Möglichkeiten zur Bedarfsanpassung der Vorlauftemperatur. Eine hohe Gleichzeitigkeit ist vor allem in öffentlich oder gewerblich genutzten Gebäuden (Büros, Lehrgebäude usw.) gegeben. In größeren Wohngebäuden ist sie am niedrigsten. Eine stark intermittierende Betriebsweise mit langen Absenkzeiten, wie sie in öffentlich oder gewerblich genutzten Gebäuden ebenfalls häufig stattfindet, beschränkt die Möglichkeiten zur Vorlauftemperaturabsenkung hingegen, da solche Anlagen während der verhältnismäßig kurzen Nutzungszeiten mit durchschnittlich höheren Belastungen arbeiten. In der Kombination beider Effekte bleibt daher das auf die bedarfsgerechte Soll-Vorlauftemperaturregelung zurückzuführende Einsparpotential dezentraler Pumpen im Bürogebäude eher gering.

4 Weitere Gesichtspunkte

In den vorangegangenen Abschnitten dieser Arbeit wurden vor allem die energetischen und funktionellen Vorteile herausgearbeitet, welche sich mit modernen vernetzten Einzelraumregelsystemen aus einer Gesamtsystem-Optimierung ableiten lassen. Bestehende Verbesserungspotentiale können jedoch in größerem Umfang nur erschlossen werden, wenn die fortschrittlichen Lösungen einer breiten Anwendung zugeführt werden. An dieser Stelle sollen daher weitere wesentliche Gesichtspunkte angesprochen werden, die im engen Zusammenhang mit der Akzeptanz hochentwickelter Einzelraumregelsysteme auf dem Heiztechnikmarkt stehen.

Als ein entscheidendes Hemmnis für die Verbreitung zentraler Einzelraumregelsysteme im Bereich von Wohngebäuden erwiesen sich in der Vergangenheit hohe Investitionskosten. Zur Entschärfung eines solchen Kriteriums bedarf es seriöser Wirtschaftlichkeitsrechnungen unter Einbeziehung sämtlicher Kosten, die im Zuge von Planung, Installation und Betrieb eines solchen Systems innerhalb der Nutzungszeit anfallen. Eine solche Vollkostenbetrachtung kann für Systeme mit dezentralen Pumpen aufgrund der gegenwärtig noch unklaren Kostensituation hier nicht vorgenommen werden. Allerdings bestehen Parallelen zu marktgängigen, zentralen Einzelraumregelsystemen anderer Anbieter, so dass es interessant erscheint, an dieser Stelle auf entsprechende Untersuchungsergebnisse anderer Autoren hinzuweisen.

So existiert bspw. von CLAUSNITZER eine Vollkostenbetrachtung zu zentralen Einzelraumregelsystemen (funk- und drahtgebundene Varianten), welche im Rahmen einer umfassenden Recherche des Bremer Energie Institutes im Jahr 2004 entstand [21]. Die Studie berücksichtigt neben den investiven Kosten auch jene für Installation, Service und Hilfsenergiebedarf. Die zu erwartenden Energiekosteneinsparungen unterschiedlicher Höhe werden dem gegenübergestellt. Die Untersuchungen erfolgen, ähnlich der Vorgehensweise in dieser Arbeit, für unterschiedliche Gebäudetypen und -größen, konkret für ein Einfamilienhaus, eine Wohnung in einem Mehrfamilienhaus sowie eine Büroetage. Bei dem gewählten Mehrfamilienhaus handelt es sich um ein Bestandsgebäude (Baujahr 1960). Bürogebäude und Einfamilienhaus weisen einen baulichen Wärmeschutz nach WSchVO'95 auf.

CLAUSNITZER kommt zu dem Ergebnis, dass in der Regel eine Heizenergieeinsparung von 10...15 % und mehr erforderlich ist, um die Jahreskosten zu decken[57]. Am günstigsten stellt sich die wirtschaftliche Situation beim untersuchten Bürogebäude dar, am schwierigsten für das Mehrfamilienhaus. Für das betrachtete Einfamilienhaus leitet CLAUSNITZER eine erforderliche Energieeinsparung von ca. 15 % ab, für die Wohnung im Mehrfamilienhaus etwas mehr und für die Büroetage etwas weniger.

57 Dabei wird von einem Nutzungszeitraum von 15 Jahren und einem Zinssatz von 5 % ausgegangen (Annuitätsfaktor 0,0963 nach VDI 2067 Bl. 1 [101]). Für die Betriebskosten dienen die Service-Preise von Techem als Grundlage sowie durchschnittlich anfallende Stromkosten solcher Systeme. Weiterhin wird ein Arbeitspreis von 4,1 ct/kWh für Erdgas (im EFH / MFH) bzw. 5 ct/kWh für Fernwärme (im Büro) angesetzt.

Wie die numerischen Untersuchungen im Rahmen dieser Arbeit zeigen, sollte die angegebene Größenordnung der Heizenergieeinsparungen mit vernetzten dezentralen Pumpen erreichbar sein und zwar sowohl für kleinere und größere Wohngebäude als auch für Büros. Dies gilt um so mehr angesichts der progressiven Entwicklung der Energiepreise und der tendenziell sinkenden Marktpreise für Bussysteme und Rechentechnik bzw. Elektronik generell. Eine weitere Erkenntnis der erwähnten Marktrecherche besteht darin, dass bei jeder Art von Einzelraumregelung ein modularer Systemaufbau von Vorteil ist, da dies dem Anwender die Möglichkeit gibt, nach individueller Kosten/Nutzen-Analyse zu kombinieren und ggf. erweitern zu können. Es erleichtert den Einstieg bzw. die Entscheidung für ein Einzelraumregelsystem.

Entscheidend dafür, ob sich ein System bzw. eine Technik sich in der Branche dauerhaft durchsetzen kann, ist neben den bereits genannten Kriterien auch die Robustheit und Anwenderfreundlichkeit. Die Vorteile und erweiterten Möglichkeiten, welche intelligente Systeme bieten, dürfen nicht mit einer aufwändigen oder komplizierten Installation, Einrichtung, Bedienung, Pflege und Wartung einhergehen. Der Nutzer erwartet ein Maximum an Behaglichkeit und Wohnqualität bei minimalem Bedienaufwand. Ein durchdachtes, auf die zu erwartenden Bedürfnisse der Nutzer und Betreiber zugeschnittenes Bedienkonzept erscheint unabdingbar.

Eine erhebliche Rolle spielt darüber hinaus die Einstellung und Erwartungshaltung sowie der Informationsstand der Nutzer. Diesbezüglich bestehen auch Zusammenhänge zu den sozialstrukturellen Gegebenheiten. Ausführliche Untersuchungen dazu fanden bspw. während der Sanierung und Modernisierung mehrerer Mietwohnungsbauten in Karlsruhe statt (EnSan-Projekt [39]), bei der die einzelnen Wohnblöcke mit zentralen Einzelraumregelsystemen verschiedener Anbieter ausgerüstet wurden. Ein die Maßnahmen begleitendes Forschungsprojekt bewertete neben den erreichten Energieeinsparungen auch das Nutzerverhalten und zwar nicht nur auf der Basis von Messergebnissen, sondern schloss auch umfangreiche Nutzerbefragungen und statistische Analysen in die Betrachtungen mit ein (sozialwissenschaftliche Begleitforschung). Im Ergebnis zeigte sich, dass die Information, Motivation und Betreuung der Nutzer, vor allem in der Anfangszeit nach Realisierung eines neuen baulichen oder technischen Standards, in hohem Maße entscheidend für den Erfolg ist.

Gleiches gilt zweifellos auch für die an der Planung und Errichtung beteiligten Fachleute (Architekten, Planer, Installateure). Eine genügend hohe Akzeptanz kann auch hier nur auf der Grundlage ausreichender Informationen erzielt werden. In den Bereichen, wo die aus der täglichen Praxis für herkömmliche Systeme erworbenen Kenntnisse fehlen, muss durch gezielte Hilfestellung ein Ausgleich geschaffen werden. Auf diese Weise kann nicht nur die Akzeptanzbereitschaft erhöht, sondern auch die dauerhafte Funktionstüchtigkeit und Effizienz fortschrittlicher Technik gesichert werden.

Einen weiteren wichtigen Aspekt stellt die Berücksichtigung von Systemen mit dezentralen Pumpen im ordnungsrechtlichen Rahmen dar, bspw. durch Angabe angemessener Aufwandszahlen für den Heiz- und Hilfsenergiebedarf in DIN V 18599 [25] (Energetische Bewertung von Gebäuden). Dabei sollte auch der Effizienz von Wärmeerzeugung und -verteilung Rechnung getragen werden, welche mit Hilfe der Informationsvernetzung erreicht wird. Letzteres ist normativ bislang noch nicht vorgesehen, obwohl vernetzte Systeme mit bedarfsgeführter Heizkreisregelung schon seit einigen Jahren auf dem Markt verfügbar sind. Durch eine Effizienzbewertung aller anlagentechnischer Bereiche erhalten dezentrale Pumpensysteme nicht nur aus energiepolitischer Sicht eine Aufwertung, sondern werden darüber hinaus auch berechenbarer für Planer und Investoren.

Auf diesem Wege böte sich u. U. auch ein Ausweg aus der bestehenden Problematik im Mietwohnungsbau. Hier kann ein Gebäudeeigentümer, welcher in bauliche oder technische Verbesserungen investiert, die damit verbundenen Kosten oftmals nicht oder nur eingeschränkt auf den Mieter, also den hauptsächlichen „Nutznießer", umlegen. Die Offenlegung der energetischen Qualität eines Gebäudes und seiner technischen Ausrüstung mit Hilfe des durch die Europäische Gebäudeeffizienzrichtlinie (EPBD [4]) geforderten Energiepasses führt jedoch in zunehmendem Maße zu einer allgemeinen Sensibilisierung für energetische Kennwerte auf dem Immobilienmarkt. Insofern erfährt eine mit effizienter Technik ausgerüstete Immobilie eine Wertsteigerung (bessere Vermietbarkeit bzw. höherer Wiederverkaufserlös). Investitionen in moderne Heizsysteme, wie solche mit dezentralen Pumpen, gewinnen dadurch an Attraktivität. Anerkannte und einheitliche Berechnungsmethoden zur energetischen Bewertung im Rahmen einer Norm oder Richtlinie bilden eine Voraussetzung dafür.

5 Zusammenfassung und Ausblick

Betrachtungen zum Stand der Gebäudetechnik bilden den Ausgangspunkt für die vorliegende Arbeit. Dieser hat zum heutigen Zeitpunkt ein hohes Niveau erreicht. Die Erfahrungen der heizungstechnischen Praxis zeigen jedoch, dass seitens der energetischen Effizienz, des thermischen Komforts sowie der Anlagenbedienung und -inbetriebnahme nichtsdestotrotz ein erhebliches Verbesserungspotential besteht. Die mit den zur Verfügung stehenden technischen Mitteln theoretisch erreichbaren Resultate werden in der Anwendung zumeist unzureichend ausgeschöpft. Der Einsatz hochentwickelter Techniken verliert in der Folge an Attraktivität und Wirtschaftlichkeit.

Daraus leiten sich zunehmend Bemühungen zu einer funktionellen und energetischen Gesamtsystem-Optimierung ab. Zentrale Einzelraumregelsysteme bieten auf dem Wege der Informationsvernetzung diesbezüglich weitreichende Möglichkeiten. Insbesondere die seit einiger Zeit auf dem Markt befindlichen Systeme mit vernetzten dezentralen Pumpen beinhalten einen vielversprechenden Ansatz. Zu diesem neuartigen Konzept existieren in der Fachliteratur erst wenige tiefergehende wissenschaftliche Abhandlungen.

Dezentrale Pumpensysteme können als weitestgehend drosselfreie Heizsysteme mit dezentral angeordneten, elektronisch geregelten Miniaturpumpen beschrieben werden. Neben der Raumtemperaturregelung übernehmen sie auch den Transport des Heizmediums zu den Verbrauchern. Dadurch sind dezentrale Pumpen in der Lage, außer der Heizleistung auch die hydraulische Leistung der einzelnen Verbraucher bedarfsgerecht bereitzustellen. Auf eine zentral angeordnete Heizungsumwälzpumpe kann im Regelfall verzichtet werden.

Bei dezentralen Pumpen lässt sich, im Gegensatz zu Ventilen, über die Drehzahl und die elektrische Leistungsaufnahme ein Zusammenhang zur Fördermenge herstellen. Bei vorhandener Informationsvernetzung kann auf diesem Wege die Massestromverteilung im Heiznetz kontrolliert und optimiert werden. Auch besteht die Möglichkeit zur Kompensation einer gegenseitigen hydraulischen Beeinflussung von Verbrauchern. Diesbezüglich sind verschiedene Entwicklungsstufen eines dezentralen Pumpensystems denkbar: Systeme mit oder ohne Informationsverbund, mit oder ohne Diagnose der hydraulischen Verhältnisse.

Auf der Grundlage einer Informationsvernetzung können intelligente Regel- und Steuerungsalgorithmen in ein Gesamt-Regelkonzept integriert und in ihrem Zusammenspiel optimal aufeinander abgestimmt werden. Die Wirkungsweise wesentlicher Komponenten einer Heizungsanlage kann auf diesem Wege im Betrieb kontinuierlich den Erfordernissen angepasst werden. Dynamische Simulationsrechnungen zu einem Modellgebäude (Einfamilienhaus) verdeutlichen dies bspw. anhand der elektronischen Raumtemperaturregelung nach Zeitplan mit Anheiz- und Heiz-Ende-Optimierung in Kombination mit einer bedarfsgeführten Soll-Vorlauftemperaturregelung. Das Kapitel 2 dieser Arbeit setzt sich ausführlich mit den erweiterten regelungstechnischen Möglichkeiten auseinander, welche sich in Verbindung mit vernetzten dezentralen Pumpen ergeben.

An der TU Dresden wurde ein Gesamt-Regelkonzept für Systeme mit dezentralen Pumpen entwickelt [9]. Der Funktionsumfang ist im Wesentlichen vergleichbar zu demjenigen zentraler Einzelraumregelsysteme namhafter Hersteller auf dem Markt. In der Umsetzung einzelner Funktionalitäten bestehen jedoch zwischen den verschiedenen Produkten zum Teil erhebliche Unterschiede. In Systemen mit dezentralen Pumpen ermöglichen die besonderen hydraulischen Eigenschaften mitunter vorteilhaftere bzw. gänzlich neue Lösungsansätze. Dies betrifft bspw. den hydraulischen Abgleich oder die Bereitstellung von Leistungsreserven für Aufheizvorgänge.

Einen Schwerpunkt der Arbeit bildet die Ableitung belastbarer Aussagen zum Einsparpotential an Heizenergie dezentraler Pumpensysteme unter Berücksichtigung eines komplexen Gesamt-Regelkonzeptes. Im Kapitel 3 dieser Arbeit werden verschiedene Entwicklungsstufen bzw. Optimierungsgrade betrachtet und das Gesamtsystem unter variierenden Einsatzbedingungen analysiert. Als Vergleichsbasis wird ein nach den Regeln der Technik geplantes, sachgerecht ausgeführtes und konventionell betriebenes Heizsystem mit modernen, thermostatischen Heizkörperventilen verwendet. Bis heute stellt dieser Referenzfall sowohl bei bestehenden als auch neu zu errichtenden Wohnbauten die am häufigsten realisierte Anlagenvariante dar. Für die numerischen Untersuchungen werden die Möglichkeiten der gekoppelten dynamischen Gebäude- und Anlagensimulation unter Einbeziehung des Nutzerverhaltens auf der Grundlage des Programmpaketes TRNSYS [97] (mit Weiterentwicklungen der TU Dresden) genutzt.

Anhand umfangreicher numerischer Untersuchungen zu verschiedenen Gebäudetypen (Modellgebäude Einfamilienhaus, Mehrfamilienhaus, Bürogebäude) und Wärmeschutzstandards (unsanierter Altbau, hochwärmegedämmter Neubau) kann für dezentrale Pumpensysteme unter realitätsnahen Einsatzbedingungen ein durchschnittliches Einsparpotential an Heizenergie in der Größenordnung von 20 % ermittelt werden. Es zeigt sich, dass genaue Vorhersagen zum Einsparpotential aufgrund der Vielzahl von Abhängigkeiten und Einflüssen problematisch sind. Es können eher Bereiche aufgezeigt werden. In der praktischen Anwendung verschärft sich diese Problematik aufgrund des erheblichen und zumeist unbekannten Einflusses des Nutzerverhaltens. Energetisch zeigt sich teilweise eine gegenläufige Wirkung einzelner Effekte.

Nichtsdestotrotz lassen sich auf der Grundlage umfangreicher Variantenrechnungen Tendenzen aufzeigen. Für Gebäude mit einem hohem baulichen Wärmeschutz gilt, dass hier Fremdwärmegewinne einen höheren Teil der Transmissions- und Lüftungswärmeverluste kompensieren können als in (unsanierten) Altbauten. Dies gilt um so mehr, je größer die Fensterflächen und die auftretenden internen Lasten sind. Weiterhin können die Phasen mit kompletter Abschaltung des Heizbetriebes in hochwärmegedämmten Gebäuden besonders weit ausgedehnt werden, da die Räume bei Heizunterbrechung sehr langsam auskühlen. Über eine bedarfsgeführte Betriebsweise kann hier mit vernetzten dezentralen Pumpen eine besonders starke Anpassung (Absenkung) der Vorlauftemperatur erfolgen.

Die Möglichkeiten zur Bedarfsanpassung der Vorlauftemperatur wachsen mit zunehmender Homogenität der Wärmeanforderungen aller Verbraucher. Eine hohe Gleichzeitigkeit der Benutzung tritt vor allem in öffentlich oder gewerblich genutzten Gebäuden auf, zum Teil auch in kleineren Wohngebäuden (Ein- / Zweifamilienhäuser). Einschränkungen erfährt die Vorlauftemperaturabsenkung dagegen bei Betriebsweisen mit langen Abschaltzeiten bzw. verhältnismäßig kurzen Nutzungszeiten. Der Anlagenbetrieb ist dann von durchschnittlich höheren Belastungsgraden mit entsprechend hohen Vorlauftemperaturanforderungen gekennzeichnet.

Vor allem bei kleineren, gut gedämmten Gebäuden treten bei konventioneller Betriebsweise im Teillastfall aufgrund des nicht bedarfsgerechten, zumeist überhöhten Vorlauftemperaturangebotes nach Heizkurve häufig besonders niedrige Anlagenmasseströme auf. Parallel dazu lässt sich im Bereich kleinerer Gebäude ein seit Jahren anhaltender Trend zu kleinvolumigen Wärmeerzeugern verzeichnen. Diese benötigen zum Schutz vor Überhitzung einen Mindestmassestrom, der zumeist mit Hilfe eines Überströmventiles sichergestellt wird. In informationsvernetzten Systemen zeigt sich hier bei bedarfsabhängiger Regelung ein erhebliches Einsparpotential durch verbesserte Brennwertnutzung. Für kleinvolumige Brennwert-Geräte kann mit Hilfe einer bedarfsgeführten Vorlauftemperaturoptimierung vernetzter dezentraler Pumpen der für den Brennwerteffekt ungünstige Einfluss eines Überströmventiles auf ein Minimum begrenzt werden.

Insgesamt besteht für hochwärmegedämmte (Neu-)Bauten beim Einsatz dezentraler Pumpensysteme das größte Einsparpotential an Heizenergie seitens der Wärmeerzeugung und -verteilung, weniger im Raum. Der bedarfsgeführte Betrieb erweist sich hier als besonders vorteilhaft. Die Informationsvernetzung bildet eine Grundvoraussetzung hierfür. Im Zuge der Errichtung von Gebäuden kann eine solche Vernetzung mit geringem Mehraufwand realisiert werden.

In Bestandsgebäuden mit geringem baulichem Wärmeschutz kühlen die Räume bei Heizunterbrechung schneller aus. Mit Hilfe einer intermittierenden Betriebsweise dezentraler Pumpen können hier die Transmissions- und Lüftungswärmeverluste besonders stark vermindert werden. Die Phasen mit kompletter Abschaltung des Heizbetriebes können dagegen weniger weit ausgedehnt werden als in hochwärmegedämmten Gebäuden. Auch sind die Möglichkeiten zur Vorlauftemperaturadaption stärker begrenzt, da Fremdwärmegewinne in der Regel nur einen geringen Teil der Heizlast kompensieren. Zusätzlich ist der Wärmeerzeuger in Bestandsgebäuden hinsichtlich seiner Leistung tendenziell besser an die Heizlast angepasst, so dass sich hier bei Verwendung elektronisch geregelter dezentraler Pumpen größere Einsparungen vor allem seitens der Wärmeübergabe im Raum erzielen lassen. Dies ist auch ohne Informationsverbund möglich. Daher empfiehlt es sich, bei Bestandsgebäuden in Bezug auf die Vernetzung im Einzelfall eine sorgfältige Kosten-Nutzen-Analyse durchzuführen.

In hochwärmegedämmten Gebäuden bewegt sich die Bezugsgröße für Heizenergieeinsparungen auf einem sehr niedrigen Niveau, weshalb die relativen Einsparpotentiale tendenziell höhere Werte annehmen. Die erreichbaren absoluten Brennstoffeinsparungen liegen in der Regel weit unter denen von Bestandsgebäuden mit geringem Wärmeschutz.

Weiterführende Untersuchungen erscheinen sinnvoll, um die bisherigen Ergebnisse und Aussagen auf eine breitere Basis stellen zu können. Denkbar wäre eine zusätzliche Variation von

Randbedingungen vor allem für größere und gewerblich genutzte Gebäude, bspw. die Art und Ansteuerung des Wärmeerzeugers betreffend. Auch die Betrachtung von Lehrgebäuden lässt einen zusätzlichen Wissensgewinn vermuten, da sich hier mit Hilfe von Diagnosefunktionen womöglich ein besonders hohes heizenergetisches Einsparpotential erschließen lässt. Interessant erscheint auch die funktionelle und energetische Analyse von dezentralen Pumpensystemen in Kombination mit einer teilweisen oder vollständigen Wärmeerzeugung auf der Basis erneuerbarer Energien.

Die Nutzung regenerativer Energieträger steht häufig in Verbindung mit der Realisierung einer Niedertemperaturheizung. In dem Zusammenhang erweist sich oftmals der Einsatz einer Flächenheizung als günstig. Integrierte Heizflächen finden darüber hinaus auch aus Gründen der Ästhetik und des thermischen Komforts eine immer breitere Anwendung. Hydraulische, wärmephysiologische und energetische Betrachtungen zu dezentralen Pumpen in Flächenheizsystemen dürften daher von besonderem Interesse sein.

Mit zunehmendem baulichen Wärmeschutz der Gebäude erfahren andere Bereiche innerhalb der Versorgungstechnik eine wachsende Bedeutung, nicht nur unter energetischen Gesichtspunkten. Hier ist vor allem die Raumkühlung, die maschinelle Belüftung und die Beleuchtung zu nennen. Daraus leitet sich auch für Systeme mit dezentralen Pumpen ein weiterer Untersuchungsbedarf ab. Die Integration weiterer Versorgungsbereiche in eine Gesamtsystem-Optimierung erscheint perspektivisch sinnvoll und notwendig.

Die Motivation zur Ermittlung von Energieeinsparpotentialen moderner Gebäudetechnik leitet sich in der Hauptsache aus der Notwendigkeit zur Bewertung der Wirtschaftlichkeit ihres Einsatzes ab. Das Durchsetzungsvermögen hochentwickelter Techniken auf dem Markt hängt in erheblichem Maße davon ab. Vollkostenbetrachtungen des Bremer Energie Institutes zu marktgängigen zentralen Einzelraumregelsystemen [21] kommen diesbezüglich zu dem Ergebnis, dass in der Regel eine Heizenergieeinsparung von 10...15 % erforderlich ist (teilweise auch mehr), damit sich die erhöhten Investitionskosten innerhalb eines vertretbaren Zeitraumes über die Verbrauchskosteneinsparungen amortisieren. Die angestellten numerischen Untersuchungen zeigen, dass Heizenergieeinsparungen in dieser Größenordnung beim Einsatz dezentraler Pumpen unter verschiedensten Gegebenheiten erreichbar sind.

Entscheidend für eine dauerhafte Nachfrage am Markt sind nicht zuletzt auch die Kenntnisse und Erfahrungswerte aller Beteiligten. Das betrifft Planer und Installateure ebenso wie Anlagenbetreiber und Nutzer. Die Akzeptanzbereitschaft der Anwender lässt sich hier auf vielfältige Weise fördern. Neben einer ausreichenden Information ist diesbezüglich die möglichst unkomplizierte Handhabung auf den verschiedenen Ebenen (Anlagenplanung, Installation, Inbetriebnahme, Dauerbetrieb) zu nennen, gepaart mit einer ausreichenden Robustheit des Systems gegenüber Bedienungsfehlern. Eine Beschränkung auf wesentliche Funktionalitäten könnte sich dabei, vor allem in der Anfangszeit, als vorteilhaft erweisen.

Literatur

[1] Gesetz zur Förderung Erneuerbarer Energien im Wärmebereich (Erneuerbare-Energien-Wärmegesetz - EEWärmeG). – Erschienen im Bundesgesetzblatt Jahrgang 2008 Teil I Nr. 36 vom 18. August 2008, S. 1658

[2] Gesetz zur Einsparung von Energie in Gebäuden (Energieeinsparungsgesetz - EnEG). BGBl. I S. 2684. 1976. – Neugefasst durch Bek. v. 1.9.2005 und geändert durch Art. 1 G v. 28.3.2009 I 643

[3] Verordnung über einen energiesparenden Wärmeschutz bei Gebäuden (Wärmeschutzverordnung - WärmeschutzV). Vom 11. August 1977. 1977

[4] Richtlinie 2002/91/EG des Europäischen Parlaments und des Rates vom 16. Dezember 2002 über die Gesamtenergieeffizienz von Gebäuden (EPBD). Amtsblatt der Europäischen Gemeinschaften. 2002

[5] Elektronische Einzelraumregelung spart Energie - Feldtest in Wuppertal. In: *IKZ-Haustechnik* 7 (2006), S. 60

[6] Verordnung über energiesparenden Wärmeschutz und energiesparende Anlagentechnik bei Gebäuden (Energieeinsparverordnung - EnEV). BGBl. I S. 2486. 2007

[7] Verordnung über die verbrauchsabhängige Abrechnung der Heiz- und Warmwasserkosten (Verordnung über Heizkostenabrechnung in der Fassung der Bekanntmachung vom 5. Oktober 2009 - HeizkostenV). BGBl. I S. 3250. 2009

[8] Abdel Fattah, A. ; Ender, T. ; Knorr, M. ; Müller, I. ; Richter, W. ; Seifert, J.: Zur Bestimmung der dezentralen Heizleistungsreserve in Niedrigenergiehäusern unter Berücksichtigung dynamischer Betriebsverhältnisse / TU Dresden, Institut für Thermodynamik und TGA. 2005. – Forschungsbericht Gefördert durch das Bundesamt für Bauwesen und Raumordnung, Projektnummer Z6 - 10.07.03 - 03.12 / II 13 - 800103 - 12

[9] Abdel Fattah, A. ; Kremonke, A. ; Perschk, A. ; Richter, W.: Entwicklung und Einsatz energiesparender dezentraler Heizungspumpen - Systemanalyse der Heizungsanlage / TU Dresden, Institut für Thermodynamik und TGA. 2005. – Forschungsbericht BMWA 0327294A

[10] Abdel Fattah, A. ; Kremonke, A. ; Richter, W.: Diskussion der durch Anbieter von Einzelraumregelsystemen prognostizierten Heizenergieeinsparungen. Numerische Untersuchung unter Verwendung der gekoppelten dynamischen Gebäude- und Anlagensimulation / TU Dresden. 2009. – interner Forschungsbericht

[11] Abdel Fattah, A. ; Windisch, K.: Verbundprojekt: Entwicklung und Einsatz einer energiesparenden dezentralen Heizungspumpe. Teilprojekt: Kopplung mit vorhandenen zentralen Regeleinrichtungen. 2001. – Zwischenbericht TU Dresden

[12] Arbeitskreis der Dozenten für Regelungstechnik: *Regelungstechnik in der Versorgungstechnik*. C.F. Müller Verlag Karlsruhe, 1992

[13] Bach, H.: Bewertung von Verteilnetzen in Heizungsanlagen. In: *HLH* Nr. 11 (1999)

[14] BACH, H. ; EISENMANN, G. ; NENSCHELER, K.: CO_2 - Reduzierung durch Pumpensanierung / IKE Stuttgart. 1992. – Forschungsbericht

[15] BAUER, Michael: *Methode zur Berechnung und Bewertung des Energieaufwandes für die Nutzenübergabe bei Warmwasserheizungsanlagen*, Universität Stuttgart, IKE, Lehrstuhl für Heiz- und Raumlufttechnik, Dissertation, 1999

[16] BAUMGARTH, S.: Einzelraumregelung mit dem EIB. In: *HLH* 51 (2000), Nr. 1, S. 42–47

[17] BENECKE, J.: Feldversuche mit elektronischer Einzelraum-Temperaturregelung. In: *HLH* 53 (2002), Nr. 7, S. 63–70

[18] BENNECKE, Jochen: Feldversuche mit elektronischer Einzelraum-Temperaturregelung - Teil 3. In: *HLH* 53 (2002), S. 63–70

[19] BRENDEL, Th.: Waste Wohngebäude - Analyse der Sparpotentiale beim thermischen Energieverbrauch / IDB Ingenieurbüro Dr. Brendel. 2000. – Forschungsbericht

[20] BUDDE, J. ; JAGNOW, K. ; TEUBER, P. ; WOLFF, D.: Felduntersuchung: Betriebsverhalten von Heizungsanlagen mit Gas-Brennwertkesseln / FH Braunschweig Wolfenbüttel. 2004. – DBU - AZ 14133

[21] CLAUSNITZER, K.-D.: Zentrale Einzelraum-Temperaturregler für Gebäude - Marktrecherche / bremer energie institut. 2004. – Marktrecherche im Auftrag des Bremer Energie-Konsens

[22] CLAUSNITZER, K.-D. ; JAHN, K.: Erfolgskontrolle des Einsatzes Zentraler Raumlufttemperaturregler. Feldversuch in Bremen / bremer energie institut. 2007. – Abschlussbericht im Auftrag des Bremer Energie-Konsens

[23] CODY, B.: Entwicklung einer Methode zum Vergleich der tatsächlichen Energieeffizienz von Gebäuden. In: *HLH* 59 (2008), Nr. 1, S. 23–27

[24] DA SILVA, Pedro: *Simulation und Emulation als Entwicklungswerkzeuge in der Heizungstechnik*, TU Dresden, Fakultät Maschinenwesen, Dissertation, 2002

[25] Deutsches Institut für Normung e.V.: *DIN V 18599: Energetische Bewertung von Gebäuden*. 2009. – Beuth Verlag GmbH, Berlin

[26] Deutsches Institut für Normung e.V.: *DIN EN 12831 : Heizungsanlagen in Gebäuden - Verfahren zur Berechnung der Norm-Heizlast*. Aug. 2003. – Beuth Verlag GmbH, Berlin

[27] DIN Deutsches Institut für Normung e.V.: *DIN 18380: VOB Vergabe- und Vertragsordnung für Bauleistungen. Teil C: Allgemeine Technische Vertragsbedingungen für Bauleistungen (ATV). Heizanlagen und zentrale Wassererwärmungsanlagen*. 2002. – Beuth Verlag GmbH, Berlin

[28] DIN Deutsches Institut für Normung e.V.: *E DIN EN 14336: Heizungsanlagen in Gebäuden. Installation und Abnahme der gesamten Anlage*. 2002. – Beuth Verlag GmbH, Berlin

[29] DIN Deutsches Institut für Normung e.V. Berlin: *DIN 4108 - 2: Wärmeschutz und Energie-Einsparung in Gebäuden - Mindestanforderungen an den Wärmeschutz*. 2003. – Beuth Verlag GmbH

[30] DIN Deutsches Institut für Normung e.V.: *DIN 4710: Statistiken meteorologischer Daten zur Berechnung des Energiebedarfes von heiz- und raumlufttechnischen Anlagen in Deutschland*. 2003. – Beuth Verlag GmbH, Berlin

[31] DIN Deutsches Institut für Normung e.V.: *DIN V 4108 - 6: Wärmeschutz und Energie-Einsparung in Gebäuden - Berechnung des Jahresheizwärme- und des Jahresheizenergiebedarfes*. 2003. – Beuth Verlag GmbH, Berlin

[32] DIN Deutsches Institut für Normung e.V.: *DIN V 4701 - 10: Energetische Bewertung heiz- und raumlufttechnischer Anlagen - Heizung, Trinkwassererwärmung, Lüftung*. 2003. – Beuth Verlag GmbH, Berlin

[33] DIN Deutsches Institut für Normung e.V.: *DIN EN 12831 Beiblatt 1: Heizsysteme in Gebäuden. Verfahren zur Berechnung der Norm-Heizlast. Nationaler Anhang NA*. April 2004

[34] DIN Deutsches Institut für Normung e.V.: *DIN EN ISO 7730: Ergonomie der thermischen Umgebung - Analytische Bestimmung und Interpretation der thermischen Behaglichkeit durch Berechnung des PMV- und des PPD-Indexes und Kriterien der lokalen thermischen Behaglichkeit*. 2006

[35] DIN Deutsches Institut für Normung e.V.: *DIN EN 13779 : Lüftung von Nichtwohngebäuden - Allgemeine Grundlagen und Anforderungen für Lüftungs- und Klimaanlagen und Raumkühlsysteme*. September 2007

[36] DIN Deutsches Institut für Normung e.V.: *DIN EN 15251 : Eingangsparameter für das Raumklima zur Auslegung und Bewertung der Energieeffizienz von Gebäuden - Raumluftqualität, Temperatur, Licht und Akustik*. August 2007

[37] DIN Deutsches Institut für Normung e.V.: *DIN 4701 : Regeln für die Berechnung der Heizlast von Gebäuden, Teil 3: Auslegung der Raumheizeinrichtungen*. Aug. 1989. – Beuth Verlag GmbH, Berlin

[38] DIN Deutsches Institut für Normung e.V.: *DIN 4701 : Regeln für die Berechnung der Heizlast von Gebäuden, Teil 1: Grundlagen der Berechnung*. März 1983. – Beuth Verlag GmbH, Berlin

[39] EMMERICH, W. ; ET.AL.: EnSan-Projekt Karlsruhe-Goerdelerstraß e - Integrale Sanierung auf Niedrigenergie-Standard unter Einschluss moderner Informations- und Regelungstechnik und Beeinflussung des Nutzerverhaltens / Volkswohnung Karlsruhe GmbH. 2004. – Forschungsbericht Gefördert durch das Bundesministerium für Wirtschaft und Arbeit (BMWA), Kennzeichen BEO43/0329750F

[40] ENDER, T. ; HARTMANN, T. ; KREMONKE, A. ; OSCHATZ, B. ; RICHTER, W. ; SEIFERT, J.: Einfluss des Nutzerverhaltens auf den Energieverbrauch in Niedrigenergie- und Passivhäusern / TU Dresden, Institut für Thermodynamik und TGA. 2002. – Forschungsbericht

[41] ERB, M.: Feldanalyse von kondensierenden Gas- und ölfeuerungsanlagen im Sanierungsbereich - FAGO. Zusammenfassung / Dr. Eichler+Pauli AG, Liestal. 2004. – Forschungsprogramm rationelle Energienutzung in Gebäuden. Bundesamt für Energie

[42] ERHORN, H.: Fördert oder schadet die europäische Normung der Niedrigenergiebauweise in Deutschland ? In: *GI* (1998), Nr. 5, S. 236–239

[43] FANGER, P.O.: Thermal Comfort - Analysis and Application in Environmental Engineering. In: *Danish Technical Press* (1970)

[44] FEIST, W.: *Das Niedrigenergiehaus*. Heidelberg, 1997

[45] FEIST, W.: Nutzerverhalten / Passivhaus Institut. 2003. – Forschungsbericht

[46] FELSMANN, C.: Validierung der TRNSYS-Gebäudemodule TYPE 34 und TYPE 56 nach E DIN 4108-20 Anhang A / Institut für Thermodynamik und TGA, TU Dresden. 1997. – Unveröffentlichter Bericht

[47] FELSMANN, C.: Analytical Verification IEA Task22 / Institut für Thermodynamik und TGA, TU Dresden. 1998. – Forschungsbericht

[48] FELSMANN, C.: *Ein Beitrag zur Optimierung der Betriebsweise heizungs- und raumlufttechnischer Anlagen*, Technische Universität Dresden, Dissertation, 2002

[49] FELSMANN, C. ; KNABE, G. ; WERDIN, H.: Einsparpotentiale durch verbesserte Raumtemperaturregelung / TU Dresden. 1998. – interner Forschungsbericht

[50] FIGIEL, E.: *Regelgüte der Raumtemperatur und Fremdenergienutzung in beheizten Gebäuden bei Anwendung thermostatischer Heizkörperventile. Rechnerische Anlagen- und Gebäudesimulation*, Technische Universität Berlin, Dissertation, 1997

[51] FRANKE, W.: *Energie-Kennwerte*. Techem AG, Frankfurt a. M., 2001

[52] FRAUENHOFER IBP: Dezentrales Pumpensystem im Praxistest. In: *BINE Informationsdienst*. – news vom 22.04.2010

[53] GRITZKI, R. ; SEIFERT, J. ; RÖSLER, M. ; RICHTER, W.: Bestimmung des realen Luftwechsels bei Fensterlüftung aus energetischer und bauphysikalischer Sicht / TU Dresden, ITT. 2003. – Forschungsbericht

[54] GUZEK, Gero: *Zur Energieeinsparung in Heizungsanlagen durch den hydraulischen Abgleich*. Verlag der Wissenschaften GmbH, 2009. – ISBN 978–3–941298–59–0

[55] HAUSLADEN, G. ; OPPERMANN, J.: Fensterlüftungsverhalten in Nierdrigenergiehäusern - ein Modell. In: *HLH* 53 (2002), Nr. 2, S. 56–60

[56] HELLWIG, R. T.: *Thermische Behaglichkeit. Unterschiede zwischen frei und mechanisch belüfteten Bürogebäuden aus Nutzersicht*, Technische Universität München, Dissertation, 2005

[57] HIRSCHBERG, R.: Ventilvoreinstellung – Einstellbereiche, hydraulischer Abgleich und energetische Bewertung / FH Aachen. 2007. – Forschungsbericht

[58] HIRSCHBERG, R. ; RICHTER, W. ; KNABE, G.: Energieeffizienz regelungstechnischer Einrichtungen von Pumpenwarmwasserheizungen / Fachhochschule Achen / TU Dresden. 2003. – Forschungsbericht

[59] INSTITUT FÜR WOHNEN UND UMWELT GMBH, DARMSTADT: *Leitfaden energiebewusste Gebäudeplanung, 5. Auflage*. Hessisches Ministerium für Umwelt, Energie und Bundesangelegenheiten, 1994

[60] JAGNOW, K.: *Verfahren zur energetischen und wirtschaftlichen Bewertung von Qualitätssicherungsmaß nahmen in der Heizungsanlagentechnik*, Universität Dortmund, Dissertation, 2004

[61] JAGNOW, K. ; WOLFF, D.: *Umweltkommunikation in der mittelständischen Wirtschaft am Beispiel der Optimierung von Heizungssystemen durch Information und Qualifikation zur nachhaltigen Nutzung von Energieeinsparpotenzialen - Projekt OPTIMUS. Teil 2: Technische Optimierung und Energieeinsparung*. OPTIMUS-Gruppe, www.optimus-online.de, 2005. – Gefördert durch die Deutsche Bundesstifung Umwelt, Fördernummer DBU - AZ 18315

[62] KETTNER, T. ; WURM, F.-H.: Zukunftstrends im Pumpenmarkt. In: *HLH* 3 (2004)

[63] KÄHLER, A. ; KRAFT, A. ; WILKE, F.: Energieeinsparung mit vernetzter elektronischer Einzelraumregelung. In: *HLH* 53 (2002), Nr. 1, S. 61–68

[64] KÄHLER, A. ; OHL, J.: Heizenergieeinsparung mit Vorlauftemperaturadaption. Verfahren und Feldergebnisse. In: *HLH* 59 (2008), Nr. 7/8, S. 27–31/26–30

[65] KNABE, G.: Vorlesung „Betriebsverhalten von TGA-Anlagen“. – TU Dresden, Institut für Thermodynamik und TGA

[66] KNABE, G.: *Gebäudeautomation*. Berlin : Verlag für Bauwesen GmbH, 1992. – ISBN 3–345–00542–5

[67] KNABE, G. ; HIRSCHBERG, R. ; RICHTER, W.: Energieeffizienz regelungstechnischer Einrichtungen von Pumpenwarmwasserheizungen / TU Dresden / Fachhochschule Aachen. 2003. – Forschungsbericht

[68] KNABE, G. ; WERDIN, H.: Einfluss unterschiedlicher Schaltungen auf die hydraulische Leistung des Rohrnetzes. 1998. – TU Dresden, Institut für Thermodynamik und TGA

[69] KNORR, M.: *Zur funktionellen, energetischen und wärmephysiologischen Berwertung der intermittierenden Betriebsweise von Heizungsanlagen*, Technische Universität Dresden, Dissertation, 2010

[70] KRAFT, Armin: *Einsparpotenziale bei der Energieversorgung von Wohngebäuden durch Informationstechnologien*. Forschungszentrum Jülich GmbH, 2002

[71] KREMONKE, A. ; ABDEL FATTAH, A.: Dezentrale Pumpen. Ergebnisse messtechnischer Untersuchungen im Versuchshaus WILO. 2004. – Zwischenbericht TU Dresden

[72] Kremonke, A. ; Richter, W.: *Grundlage für die weitere Novellierung der Wärmeschutzverordnung. Einbeziehung von Wärmepumpen und Blockheizkraftwerken (BHKW) in die Rechenmethode zur Ermittlung des Endenergiebedarfes. Teil 1: Energetische Kennwerte von Heizungsanlagen für die Wärmeabgabe im Raum.*. Institut für Thermodynamik und Technische Gebäudeausrüstung : Fraunhofer IRB-Verlag, 1997

[73] Lüdemann, B.: *Auslegeung, Energiebedarf und Komfort von Anlagen zur Heizung und Warmwasserbereitung im Niedrigenergiehaus bei Berücksichtigung des Nutzerverhaltens*, Techische Universität Hamburg-Harburg, Dissertation, 2001

[74] Leimgruber, J. ; Lipsky, P. ; Reichlin, A.: Optimale Schaltzeiten in Heizungs- und Klimaanlagen. Gradientenmethode zu ihrer Berechnung. In: *Wärmetechnik* 34 (1989), Nr. 2, S. 66–68

[75] Loga, T. ; Menje, H. ; Müller, K.: Die „Niedrigenergiesiedlung Distelweg" in Niedernhausen. Ergebnisse des Messprogramms / Institut für Wohnen und Umwelt GmbH, Darmstadt. 1997. – Forschungsbericht

[76] Maas, A.: *Experimentelle Quantifizierung des Luftwechsels bei Fensterlüftung*, Universität Gesamthochschule Kassel, Dissertation, Oktober 1995

[77] Meinzenbach, A. ; Knorr, M. ; Richter, W.: LowEx Fernwärme - Multilevel Distict Heating. TT3 - Einfluss sinkender Vorlauftemperaturen auf die Gebäudetechnik / Technische Universität Dresden. 2009. – Forschungsbericht

[78] Michels, H.: Zeitenwende im Wohnkomfort. In: *HLH* 53 (2002), S. 43–46

[79] Nipkow, J.: *Leitfaden Umwälzpumpen*. Bern : Bundesamt für Energie, 1997

[80] Nordmann, D.: *Einführung eines Energiemanagements am Beispiel eines Gebäudes mit Lehrbetrieb*. Fachhochschule Hannover und Energiesystemtechnik, http://ensys.fh-hannover.de. – Gefördert durch das Bundesministerium für Bildung und Forschung

[81] Oppermann, J.: *Untersuchung der Sensitivität von Heizungs-/Lüftungsanlagen in Niedrigenergiehäusern*, Universität Gesamthochschule Kassel, Dissertation, Mai 2003

[82] Oschatz, B.: *Zur Heiztechnik in Wohngebäuden mit verschärftem Wärmeschutz unter besonderer Berücksichtigung der Gas-Brennwerttechnik*. Stuttgart : Fraunhofer IRB Verlag, 2003. – ISBN 3–8167–6222–0

[83] Oschatz, B.: *Heizkostenerfassung im Niedrigenergiehaus*. Bonn : Bundesamt für Bauwesen und Raumordnung, 2004. – ISBN 3–87994–450–4

[84] Paarporn, S.: Local pumping system. In: *ASHRAE Journal* 42 (2000), Nr. 9, S. 26–28, 30–32

[85] Perschk, A.: *Gebäude-Anlagen-Simulation unter der Berücksichtigung der hygrischen Prozesse in den Gebäudewänden*, Fakultät für Maschinenwesen, TU Dresden, Dissertation, 2001

[86] Reiss, J. ; Erhorn, H. ; Ohl, J.: Klassifizierung des Nutzerverhaltens bei der Fensterlüftung. In: *HLH* 52 (2001), Nr. 8, S. 22–26

[87] Richter, W.: *Handbuch der thermischen Behaglichkeit - Heizperiode -*. Schriftenreihen der Bundesanstalt für Arbeitsschutz und Arbeitsmedizin, 2003. – ISBN 3–86509–013–3

[88] Richter, W.: *Handbuch der thermischen Behaglichkeit - Sommerlicher Kühlbetrieb -*. Schriftenreihen der Bundesanstalt für Arbeitsschutz und Arbeitsmedizin, 2007. – ISBN 978–3–88261–068–0

[89] Schnieders, J.: Dynamisches Verhalten und Wärmeübergabeverluste von Flächenheizungen / Passivhausinstitut Dr. Wolfgang Feist. 2005. – Forschungsbericht Forschungsprojekt im Auftrag des Hessischen Ministeriums für Wirtschaft, Verkehr und Landesentwicklung

[90] Seifert, J. u. a.: Ganzheitlicher energetischer Vergleich von Heizungsanlagen in Niedrigenergiehäusern / TU Dresden, Institut für Thermodynamik und TGA. 2004. – Forschungsbericht

[91] Seifert, J. ; Knorr, M. ; Richter, W.: Bedarfsgeführte Vorlauftemperaturregelung. Energieeinsparung infolge von Vorlauftemperaturreduzierung mittels verschiedener Adaptionsverfahren / Technische Universität Dresden. 2008. – Forschungsbericht

[92] Seifert, Joachim: *Ein Beitrag zur Einschätzung der energetischen und exergetischen Einsparpotentiale von Regelverfahren in der Heizungstechnik*. Verlag der Wissenschaften GmbH, 2009. – ISBN 978–3–941298–54–5

[93] Stadler, I.: *Dialogfähige Energiemanagementsysteme im Kontext von Energieverbrauch und Nutzerverhalten*, Universität Gesamthochschule Kassel, Dissertation, 2001

[94] Statistisches Bundesamt: *Statistisches Jahrbuch 2011 - Für die Bundesrepublik Deutschland*. Wiesbaden, 2011. – www.destatis.de

[95] Stephan, W.: *Energetische Beurteilung der Betriebsweise heiz- und raumlufttechnischer Anlagen durch rechnerische Betriebssimulation*, Universität Stuttgart, Dissertation, 1991

[96] TECHNOMAR, GmbH: Derzeitiger und zukünftiger Markt der Wohnungslüftung in Deutschland unter besonderer Berücksichtigung der luftdichten Bauweise (EnEV) und Möglichkeiten der Systemintegration / TECHNOMAR GmbH, Technische Universität Dresden. München, Dresden, 2002. – Forschungsbericht

[97] Transsolar Energietechnik GmbH. Stuttgart: *TRNSYS - a transient system simulation program*. 1996. – Beschreibung

[98] Verband Deutscher Maschinen- und Anlagenbau e. V., Frankfurt: *VDMA 24199: Regelungstechnische Anforderungen an die Hydraulik bei Planung und Ausführung von Heizungs-, Kälte-, Trinkwarmwasser- und Raumlufttechnischen Anlagen*. 2005

[99] Verband Deutscher Maschinen- und Anlagenbau e. V., Frankfurt: *VDMA Armaturen: Energieeinsparung durch optimierte Wärmeverteilung. Pumpen und Armaturen in Heizsystemen*. 2008

[100] Verein Deutscher Ingenieure: *VDI 6020: Anforderungen an Rechenverfahren zur Gebäude- und Anlagensimulation*. Nov. 1999. – Beuth Verlag GmbH

[101] Verein Deutscher Ingenieure: *VDI 2067 Wirtschaftlichkeit gebäudetechnischer Anlagen - Grundlagen und Kostenberechnung*. Sept. 2000. – Beuth Verlag GmbH, Berlin

[102] Verein Deutscher Ingenieure Düsseldorf, Verein Deutscher Elektrotechniker: *VDI/VDE 3522: Zeitverhalten von Berührungsthermometern*. 1987. – Beuth Verlag GmbH, Berlin

[103] WERDIN, H.: Wärmeerzeugerrecherche. 2008. – Zwischenbericht, Institut für Technische Gebäudeausrüstung Dresden, Forschung und Anwendung GmbH

[104] WOLFF, D.: *Forschungs- und Qualifizierungsprojekt: Optimierung von Heizungssystemen durch Information und Qualifikation zur nachhaltigen Nutzung von Energieeinsparpotenzialen - Projekt OPTIMUS*. – Vortrag auf dem Treffen mit Herstellern bei proKlima am 23.04.2005

[105] ZOU, Yuan: *Unstetige Wärmeversorgung im Mehrfamilienhaus*, Universität Karlsruhe, Dissertation, Dezember 2008

Anhang

A Einfamilienhaus

A.1 Modellierung

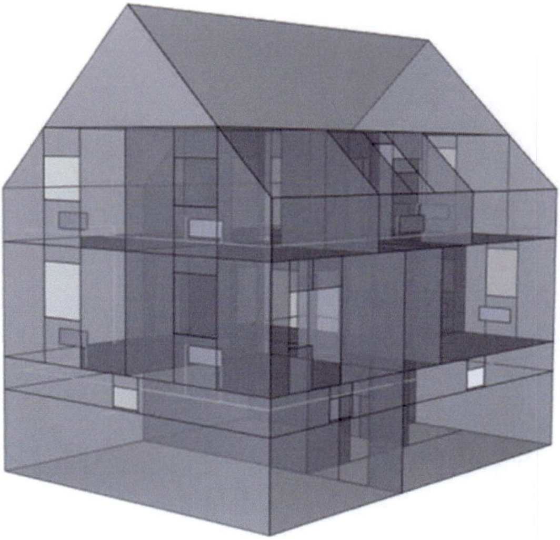

Abb. A.1: Außenansicht des Gebäudes

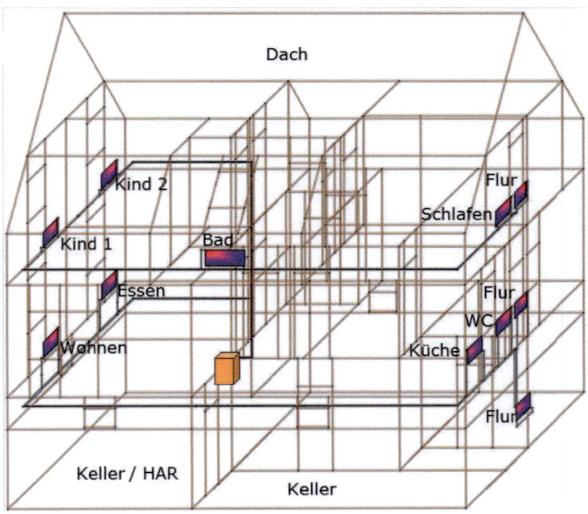

Abb. A.2: Gebäude- und Heizungsnetz mit Zoneneinteilung

Tabelle A.1: Norm-Heizlast und Heizflächendimensionierung für alle Zonen (Neu- und Altbau)

Zone	Bez.	Geschoss	Grund-fläche in m²	beheizt ?	Norm-Raum-temperatur in °C	Norm-Außen-luftwechsel in 1/h Neubau	/ Altbau	Norm-Heizlast in W Neubau	/ Altbau	Norm-Wärmeleistung Heizfläche (75/60/20) in W Neubau	/ Altbau
1	Wohnen	EG	17,5	✓	20	0,5	0,5	688	1886	997	2352
2	Esszimmer		17,5	✓	20	0,5	0,5	613	1786	887	2228
3	Abstellraum		3,7	-	-	0,1	0,1	0	0	-	-
4	Vorraum		2,7	-	-	0,1	0,1	0	0	-	-
5	Küche		12,9	✓	20	0,5	2,0	499	2092	723	2610
6	WC-EG		3,7	✓	20	1,5	4,0	271	812	392	1013
7	Flur		29,1	✓	18	0,5	0,5	718	1686	978	1984
8	Kind-1	OG	14,9	✓	20	0,5	0,5	466	1209	674	1508
9	Kind-2		17,5	✓	20	0,5	0,5	564	1452	817	1811
10	Bad		9,6	✓	22	1,5	4,0	609	1742	941	2310
11	Schlafzimmer		15,5	✓	20	0,5	0,5	517	1371	750	1711
12	Flur 1-OG		29,7	✓	18	0,5	0,5	628	1525	855	1794
13	Dachboden	Dach	53,8	-	-	0,1	0,1	0	0	-	-
14	Flur Keller	Keller	9,3	✓	18	0,5	0,5	374	905	510	1065
15	Keller-1		22,5	-	-	0,1	0,1	0	0	-	-
16	Keller-2 (HAR)		35,0	-	-	0,1	0,1	0	0	-	-
17	Keller-Gang		20,4	-	-	0,1	0,1	0	0	-	-

A.2 Simulationsergebnisse

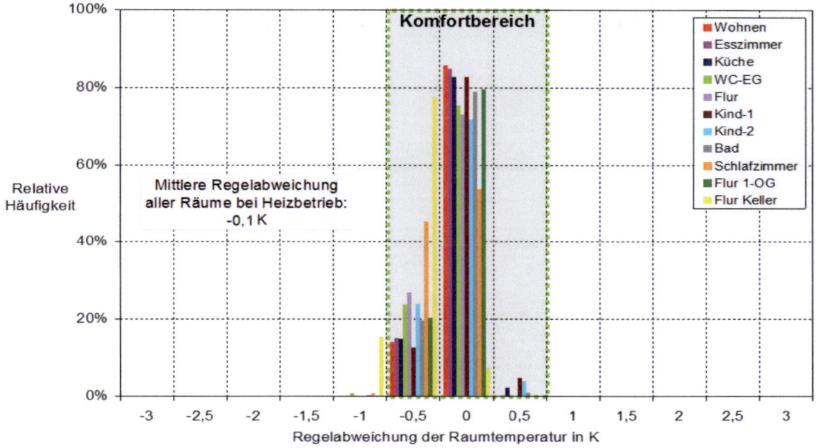

Abb. A.3: Häufigkeitsverteilung der Raumtemperatur-Regelabweichung im Neubau mit DZP (System B) - vereinfachter hydraulischer Abgleich auf 60 kg/h (pauschal)

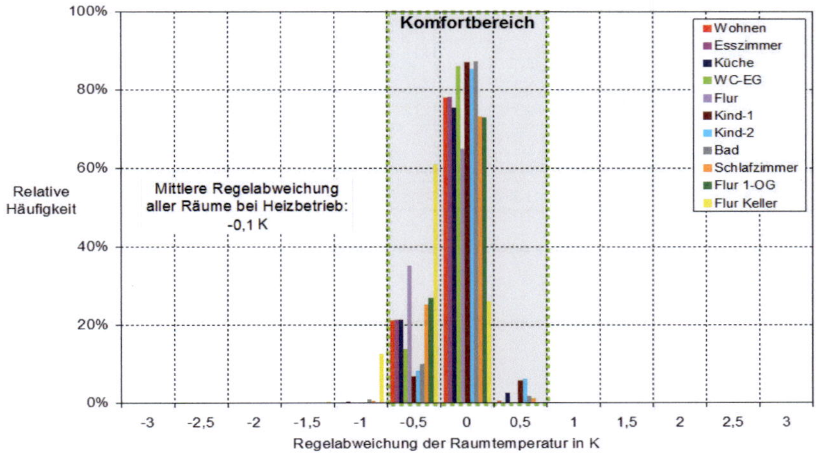

Abb. A.4: Häufigkeitsverteilung der Raumtemperatur-Regelabweichung im Altbau mit DZP (System B) - vereinfachter hydraulischer Abgleich auf 100 kg/h (pauschal)

Tabelle A.2: Simulationsergebnisse für das Einfamilienhaus - Neubau

Neubau						Einsparung DZP ggü. TRV		
Variante	Regel-system	Wärme-abgabe HK in kWh/a	Wärme-abgabe Verteilung in kWh/a	Brennstoff in kWh/a	Nutzungs-grad WE	Wärme-abgabe HK	Wärme-abgabe Verteilung	Brenn-stoff
V000	TRV	4240	1988	6568	95%			
V040	TRV	4236	1993	6128	102%			
V050	TRV	4290	1754	6260	97%			
V000	DZP	3772	1234	4969	101%	-11%	-38%	-24%
V001	DZP	3771	1235	4937	101%	-11%	-38%	-25%
V002	DZP	3771	1237	4927	102%	-11%	-38%	-20%
V010	DZP	3779	1239	5074	99%	-11%	-38%	-23%
V020	DZP	3842	1249	4954	103%	-9%	-37%	-25%
V030	DZP	3728	1510	5652	93%	-12%	-24%	-14%
V032	DZP	3767	1666	5830	93%	-11%	-16%	-11%
V033	DZP	3727	1511	5478	96%	-12%	-24%	-17%
V034	DZP	3730	1519	5323	99%	-12%	-24%	-13%
V040	DZP	3750	1293	5046	100%	-12%	-35%	-23%
V050	DZP	3894	1204	5065	101%	-8%	-39%	-23%
V060	DZP	3779	1790	5958	93%	-11%	-10%	-9%
V070	DZP	3876	1242	5123	100%	-9%	-38%	-22%
V071	DZP	7712	2749	10936	96%			
V090	DZP	7398	2328	9928	98%			
V100	DZP	3778	1330	5127	100%	-11%	-33%	-22%
V200	DZP	3748	1366	5127	100%	-12%	-31%	-22%
V210	DZP	3754	1360	5127	100%	-11%	-32%	-22%
V400	DZP	3932	1046	4822	103%	-8%	-40%	-23%
V410	DZP	3849	1339	5456	95%	-10%	-24%	-13%

Tabelle A.3: Erläuterungen zu den Simulationsergebnissen für das Einfamilienhaus - Neubau

V000	TRV	Basisvariante
V040	TRV	wie V000, bodenstehender BW-Kessel (ohne ÜSV / Mindestumlauf)
V050	TRV	wie V000, Auslegung 55/45°C, zentrale Pumpe/ÜSV entspr. Kennlinie H, Heizkurve entspr. Steilheit 1,50 und Fußpunkt 22°C, Mindestvorlauftemp. bei Nachabsenkung

V000	DZP	Basisvariante - Ausführung B
V001	DZP	Basisvariante - Ausführung A ("ideal")
V002	DZP	wie V000, bodensteh. BW-Kessel (ohne ÜSV / Mindestumlauf)
V010	DZP	wie V000, Anheizoptimierung mit Schnellaufheizen
V020	DZP	wie V000, ohne Tagabsenkung
V030	DZP	wie V000, gänzlich ohne Kesselansteuerung (Tag- und Nachtbetrieb wie bei TRV)
V032	DZP	wie V030, ohne Tagabsenkung
V033	DZP	wie V000, Kesselansteuerung nur per Schaltkontakt (keine bedarfsgeführte Soll-Vorlauftemperatur)
V034	DZP	wie V000, Kesselansteuerung nur per Schaltkontakt (keine bedarfsgeführte Soll-Vorlauftemperatur), bodensteh. BW-Kessel (ohne ÜSV / Mindestumlauf)
V040	DZP	wie V000, ohne Lüftungserkennung
V050	DZP	wie V000, ohne Anheiz-/Heizende-Opt., Anheizen pauschal 1,5 h vor
V060	DZP	wie V000, ohne Kesselansteuerung (Tag- und Nachtbetrieb wie bei TRV), ohne Tagabsenkung und Anheiz-/Heizende-Optimierung (Anheizen pauschal 1,5 h vor Nutzungszeitbeginn), ohne Lüftungserkennung
V070	DZP	wie V000, ohne Außentemperatursensor
V071	DZP	wie V070, Soll-Raumtemp. 26°C (Flur 24°C), ohne Tagabsenkung (nachts 15°C); ohne Lüftungserkennung; bed. VL-Regelung für alle Räume (vgl. mit V090)
V090	DZP	wie V000, Soll-Raumtemp. 26°C (Flur 24°C), ohne Tagabsenkung (nachts 15°C); ohne Lüftungserkennung; bed. VL-Regelung für alle Räume (vgl. mit V071)
V100	DZP	wie V000, vereinfachter hyd. Abgleich auf 60 l/h
V200	DZP	Basisvariante - Ausführung C ("vereinfacht")
V210	DZP	wie V200, ohne hyd. Abgleich
V400	DZP	wie V000, Auslegung 55/45°C, Heizkurve entspr. Steilheit 1,50 und Fußpunkt 22°C
V410	DZP	wie V400, gänzlich ohne Kesselansteuerung (Tag- und Nachtbetrieb wie bei TRV)

Tabelle A.4: Simulationsergebnisse für das Einfamilienhaus - Altbau

Altbau						Einsparung DZP ggü. TRV		
Variante	Regel-system	Wärme-abgabe HK in kWh/a	Wärme-abgabe Verteilung in kWh/a	Brennstoff in kWh/a	Nutzungs-grad WE	Wärme-abgabe HK	Wärme-abgabe Verteilung	Brenn-stoff
V000	TRV	28730	6067	34703	100%			
V032	TRV	26513	6080	35665	91%			
V040	TRV	28737	6065	33512	104%			
V000	DZP	24111	4760	28408	102%	-16%	-22%	-18%
V001	DZP	24110	4758	28280	102%	-16%	-22%	-19%
V002	DZP	24110	4763	28279	102%	-16%	-21%	-16%
V010	DZP	23915	4750	28806	100%	-17%	-22%	-17%
V020	DZP	24661	4703	28645	103%	-14%	-22%	-17%
V030	DZP	24097	5182	29382	100%	-16%	-15%	-15%
V032	DZP	24775	5496	30300	100%	-14%	-9%	-13%
V033	DZP	24091	5276	29442	100%	-16%	-13%	-15%
V034	DZP	24115	5212	28878	102%	-16%	-14%	-14%
V040	DZP	24205	4818	28544	102%	-16%	-21%	-18%
V050	DZP	24709	4541	28811	102%	-14%	-25%	-17%
V060	DZP	25251	5720	31038	100%	-12%	-6%	-11%
V070	DZP	24067	4782	28754	100%	-16%	-21%	-17%
V071	DZP	39798	8425	49412	98%			
V090	DZP	38559	7205	45643	100%			
V100	DZP	24215	4991	29020	101%	-16%	-18%	-16%
V200	DZP	24179	5016	28927	101%	-16%	-17%	-17%
V210	DZP	24129	4989	28971	101%	-16%	-18%	-17%
V320	DZP	22238	4483	29181	92%	-16%	-26%	-18%

Tabelle A.5: Erläuterungen zu den Simulationsergebnissen für das Einfamilienhaus - Altbau

V000	TRV	Basisvariante
V032	TRV	wie V000, mit bodenstehendem NT-Kessel ohne ÜSV, externe zentrale Pumpe, ohne Nachtabschaltung (nur -absenkung), ohne Fensterlüftung
V040	TRV	wie V000, bodenstehender BW-Kessel (ohne ÜSV)

V000	DZP	Basisvariante - Ausführung B
V001	DZP	Basisvariante - Ausführung A ("ideal")
V002	DZP	wie V000, bodensteh. BW-Kessel (ohne ÜSV / Mindestumlauf)
V010	DZP	wie V000, Anheizoptimierung mit Schnellaufheizen
V020	DZP	wie V000, ohne Tagabsenkung
V030	DZP	wie V000, gänzlich ohne Kesselansteuerung (Tag- und Nachtbetrieb wie bei TRV)
V032	DZP	wie V030, ohne Tagabsenkung
V033	DZP	wie V000, Kesselansteuerung nur per Schaltkontakt (keine bedarfsgeführte Soll-Vorlauftemperatur)
V034	DZP	wie V000, Kesselansteuerung nur per Schaltkontakt (keine bedarfsgeführte Soll-Vorlauftemperatur), bodensteh. BW-Kessel (ohne ÜSV / Mindestumlauf)
V040	DZP	wie V000, ohne Lüftungserkennung
V050	DZP	wie V000, ohne Anheiz-/Heizende-Opt., Anheizen pauschal früh 3h / abends 2h vor Nutzungszeitbeginn
V060	DZP	wie V000, ohne Kesselansteuerung (Tag- und Nachtbetrieb wie bei TRV), ohne Tagabsenkung und Anheiz-/Heizende-Optimierung (Anheizen pauschal 3 h vor Nutzungszeitbeginn), ohne Lüftungserkennung
V070	DZP	wie V000, ohne Außentemperatursensor
V071	DZP	wie V070, Soll-Raumtemp. 26°C (Flur 24°C), ohne Tagabsenkung (nachts 15°C); ohne Lüftungserkennung; bed. VL-Regelung für alle Räume (vgl. mit V090)
V090	DZP	wie V000, Soll-Raumtemp. 26°C (Flur 24°C), ohne Tagabsenkung (nachts 15°C); ohne Lüftungserkennung; bed. VL-Regelung für alle Räume (vgl. mit V071)
V100	DZP	wie V000, vereinfachter hyd. Abgleich auf 100 l/h
V200	DZP	Basisvariante - Ausführung C ("vereinfacht")
V210	DZP	wie V200, ohne hyd. Abgleich
V320	DZP	wie V000, mit bodenstehendem NT-Kessel ohne ÜSV, kein Mindestumlauf, ohne zentrale Pumpe, ohne Fensterlüftung

B Mehrfamilienhaus

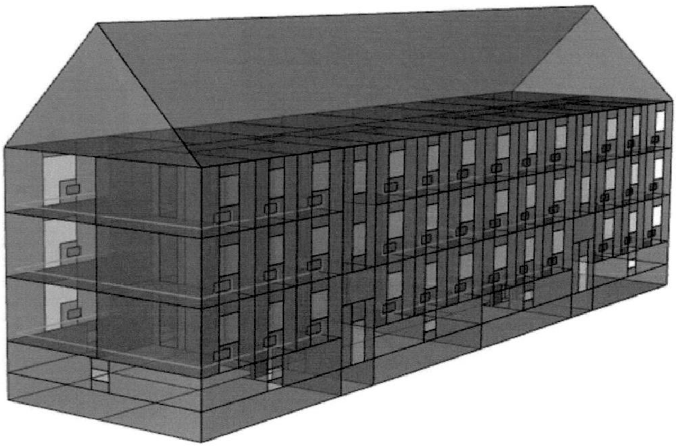

Abb. B.1: Außenansicht des Gebäudes

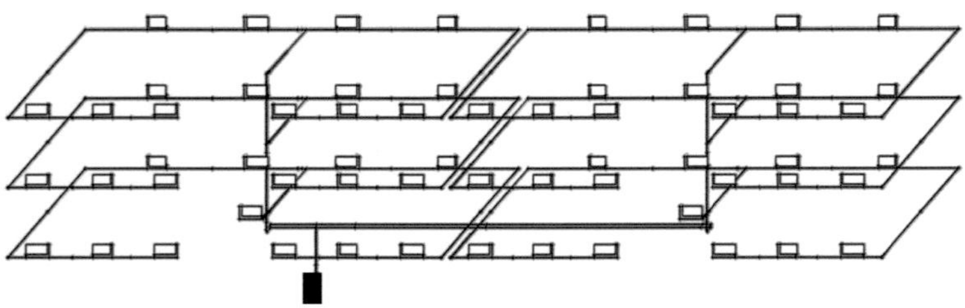

Abb. B.2: Heizungsnetz mit Etagenverteilung

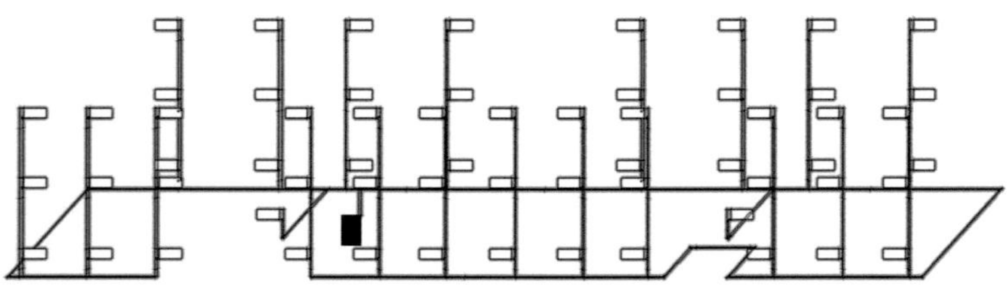

Abb. B.3: Heizungsnetz mit unterer Verteilung

C Bürogebäude

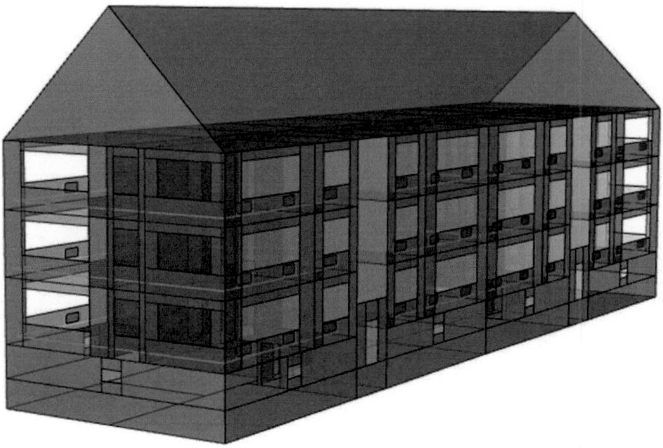

Abb. C.1: Außenansicht des Gebäudes

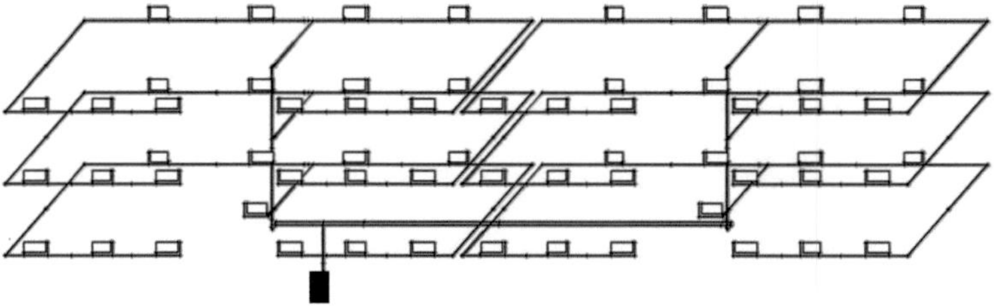

Abb. C.2: Heizungsnetz mit Etagenverteilung